Triebwagen und Triebzüge

Deutsche Bahn und Privatbahnen

Michael Dostal

GeraMond

Impressum

Verantwortlich: Lothar Reiserer
Satz: Michael Dostal
Repro: Cromika
Einbandgestaltung: Ralph Hellberg
Herstellung: Anna Katavic
Printed in Slovenja by Florjancic

Die Deutsche Nationalbibliothek verzeichnet diese Publikation in der Deutschen Nationalbibliografie; detaillierte bibliografische Daten sind im Internet über http://dnb.d-nb.de abrufbar.

ISBN 978-3-95613-062-5

Bildnachweis

Titelbild: Michael Dostal
Rücktitel: Deutsche Bahn AG, Kai Michael Neuhold
Klappen Innen: Beide Michael Dostal.

Deutsche Bahn AG: 22 o (C. Weber), 22 u (O. Lang), 23 o (Siemens), 50 o (U. Miethe), 72 (B. Banaszak), 73 u (Ch.-R. Andres), 82 o/82 u/83 o (Geheimtipp Media GmbH/L. Knauer), 83 u (A. Sahlmann), 107 u/108 o/109 o (U. Miethe), 112 u (K.-M. Neuhold), 139 u (C. Weber)

Sven Bürgel: 24 u, 59 u, 75 u

Susanne De Wille: 56 u, 77 u, 78 u, 81, 122 u

Dr. Bernhard Domagalski (Slg. M. Dostal): 10 o, 11 u, 13 o, 14 u, 16 o, 16 u, 17 o, 17 u, 21 u, 25 o, 25 u, 28 o, 28 u, 29 o, 30 u, 31 o, 32 u, 33 o, 34 u, 35 o, 36 o, 37 u, 38 o, 38 u, 39 u, 40 u, 41 o, 41 u, 43 o, 44 u, 45 o, 45 u, 46 u, 47 u, 51 o, 52 o, 53 u, 62 u, 63 o, 63 u, 64 o, 64 u, 65 o, 65 u, 66 o, 66 u, 67 o, 70 u, 71 o, 85 o, 87 o, 87 u, 91 o, 96 o, 97 u, 98 o, 98 u, 99 o, 99 u, 100 o,101 o, 103 u, 106 o, 106 u, 110 o, 111 o, 111 u, 113 o, 116 u, 117 o, 118 o, 118 u, 119 u, 120 u, 121 u, 122 o, 123 o, 124 o, 125 o, 125 u, 126 o, 127 o, 129 u,132 o, 132 u, 133 o, 135 o, 136 o, 136 u, 137 o, 140 o, 141 o, 142, 144 u, 145, 147 o, 147 u, 149 o, 154

Michael Dostal: alle nicht genannten Aufnahmen

Peter Erdmann: 57 u, 102 o, 102 u, 110 u, 113 u

Thomas Estler: 43 u, 51 u, 58 o, 77 o, 153 o

Marcus Henschel: 29 u

Rudolf Heym: 97 o

Claus-Jürgen Jacobson (Slg. M. Dostal): 9 u

Stephan Karkowski: 32 o, 55 o, 58 u, 96 u, 101 u, 108 u, 114 u, 126 u, 134, 139 o, 149 u, 153 u, 155 o, 156 o, 157 o, 157 u

Svetlana Linberg: 143 u, 146, 155 u

Roland Meier: 20 o, 52 u, 57 o, 75 o, 84 u, 105

Uwe Miethe: 74 o, 89 o, 158

Dr. Christof Schröfl: 50 u, 88 u, 100 u, 116 o, 117 u

Siemens-Pressebild: 15 u, 68 o, 68 u, 69 o, 69 u

Christian Völk: 26 u, 27 o, 27 u, 140 u, 143 o

Vorwort

Wie bei den Lokomotiven hat sich auch das Bild bei den Triebwagen auf deutschen Gleisen in den vergangenen Jahren stark verändert. Zahlreiche private Eisenbahnverkehrsunternehmen (EVU) haben neue Triebzüge in Betrieb genommen. Jedoch im Gegensatz zu den Lokomotiven wurden die vielfarbigen Züge nach den Wünschen der Kunden gefertigt, die bei den Bahnen für den Regionalverkehr Transportleistungen bestellt haben. Oft sind die Fahrzeuge nur in kleinen Bereichen oder gar nur auf einer bestimmten Strecke im Einsatz.

Im Fernverkehr bietet zur Zeit nur die Deutsche Bahn AG Verbindungen mit Triebzügen an, die sie auf vielen Strecken mit ihren ICE-Fahrzeugen erbringt. Um auf anderen Strecken alte Reisezugwagen ablösen und ICE-Komfort anbieten zu können, stellte sie zwischen 2009 und 2017 mit der zweiten Generation der ICE 3 insgesamt 17 achtteilige Triebzüge vom Typ Velaro D als Baureihe 407 in Dienst. Die Züge sollen auch nach Frankreich, in die Beneluxstaaten und nach London eingesetzt werden.

Die neueste Generation des ICE ist seit 2017 auf deutschen Gleisen unterwegs. Die ICE 4 können als sieben- und neunteilige Einheiten geliefert werden. Sie sind nur 230 bzw. 250 km/h schnell und bevorzugt als Ersatz für Züge mit Reisezugwagen gedacht.

Speziell zur Erneuerung des Fahrzeugparks in S-Bahn-Netzen beschaffte die DB die Baureihe 430. Sie sollten in Stuttgart, Frankfurt (Main), Köln und Rhein-Ruhr eingesetzt werden. Inzwischen sind die Züge in Stuttgart und Frankfurt (Main) unterwegs. In Köln verzichtete man auf neue Züge und im Rhein-Ruhrgebiet übernahmen Züge der Baureihe 1440 die Aufgaben. In Hamburg sind die ersten Fahrzeuge der Baureihe 490 unterwegs und auch die S-Bahn Berlin wird mit neuen Zügen ausgestattet.

Im Regionalverkehr setzten sich die von Bombardier gebauten Triebwagen der Baureihe 442 durch. Sie sind als Unterbaureihen 0442, 1442, 2442, und 2443 bei DB Regio und zahlreichen privaten EVU unterwegs. In Nürnberg, Rostock und Leipzig werden sie als S-Bahnen eingesetzt. Inzwischen sind auch die ersten Doppelstock-Triebwagen der Baureihen 445 und 446 aus dem Twindexx-Programm von Bombardier bei DB Regio unterwegs.

Auch bei den Dieseltriebwagen gab es zahlreiche Neuerungen. So bekam die LINT-Familie von Alstom Zuwachs in Form der Baureihen 620 und 622. Neueste Entwicklung sind hier die iLINT mit Brennstoffzellen für den Antrieb. Weniger erfolgreich sind die LINK-Triebwagen des polnischen Hersteller Pesa.

Zwar hat DB Regio im Jahr 2012 mehr als 400 dieser Triebwagen in drei Ausführungen bestellt, die bisher gelieferten Prototypen waren aber wegen technischer Probleme auch 2017 noch nicht zugelassen und standen arbeitslos herum. Die Regentalbahn gab die bereits für die Oberpfalzbahn gelieferten Triebwagen sogar an den Hersteller zurück und stornierte ihren Auftrag.

Ganz andere Aufgaben übernehmen die neuen „Multifunktionalen Instandhaltungsfahrzeuge für die Schieneninfrastruktur", die DB Netze seit 2016 in Dienst nimmt. Die Fahrzeuge bauen auf einer einheitlichen Plattform auf, aus der sich zahlreiche Varianten ableiten lassen. Zu den neuen Wagen gehören die Diagnosetriebwagen (Baureihe 702^2), Instandhaltungsfahrzeuge (Baureihe 705^1), die zweiteiligen Schienenprüfzüge (Baureihe $719^3/720^3$), der Gleismesszug (Baureihe $725^1/726^1$) und die Wagen der Baureihe 740^1.

Viel Vergnügen
beim Lesen wünscht

Michael Dostal
Sommer 2018

DB
3442-210

Im Dezember 2017 hat die Deutsche Bahn den Reisezugverkehr auf der Gäubahn neu strukturiert. Die Züge zwischen Stuttgart und Singen fahren nun als lokbespannte ICs mit Doppelstockwagen. Die RE-Züge nach Rottweil und Freudenstadt werden aus Triebwagen der Baureihe 3442 gebildet, die in den Landesfarben von Baden-Württemberg lackiert sind. Am 6. April 2018 fährt 3442 210 als Doppeleinheit RE 17604/17654 in Böblingen ein.

Inhalt

BAUREIHE 401

Antrieb vorn und hinten – der ICE 1

Beim ICE 1 befinden sich alle Antriebsmotoren und die zugehörigen elektrischen Einrichtungen in den beiden Triebköpfen an den Zugenden. Die Mittelwagen sind antriebslose „Reisezugwagen".

In den 1990er-Jahren war der ICE 1 das „Paradepferd" der Deutschen Bahn. Der stromlinienförmige Zug bringt es auf Tempo 280 km/h und verschaffte ihr einen enormen Image- und Fahrgastgewinn.

Im Februar 1989 bestellte die DB die ersten Serienzüge, nachdem der Prototyp schon vier Jahre im Einsatz war. Von 1989 bis 1996 lieferten mehrere Hersteller 122 Triebköpfe und 723 Mittelwagen, aus denen 60 Garnituren gebildet werden können.

Die Triebköpfe wurden als 401 001/501 bis 401 020/520 und 401 051/551 bis 401 090/590 eingereiht. Die Mittelwagen erhielten die Baureihennummern 801 (1.-Klasse-Wagen), 802 (2.-Klasse-Wagen), 803 (Service-Wagen) und 804 (Speisewagen). Ein Zug besteht in der Regel aus zwei Triebköpfen und bis zu zwölf Mittelwagen.

Die aerodynamischen Triebköpfe sind in Stahlleichtbauweise ausgeführt, die Mittelwagen aus geschweißten Aluminium-Großstrang-Pressprofilen aufgebaut. Auf die Schall- und Wärmedämmung wurde besonderer Wert gelegt. Alle Wagen haben stahlgefederte Drehgestelle mit Schraubenfedern und Dämpfern.

Am 9. März 2016 startet der Triebkopf 401 070 in München Hbf in Richtung Norden. Hinter ihm sind die Wagen der 2. Klasse eingereiht.

2005 bis 2008 wurden die Innenräume der Mittelwagen an das Design der ICE-3-Wagen angepasst. Im August 2015 verlässt 401 508 Würzburg Hbf in Richtung Süden.

Jeder der vier Drehstrom-Asynchronmotoren eines Triebkopfs erbringt 1.200 kW Dauerleistung. In den ersten 20 Zügen wurden Thyristoren mit Ölkühlung eingebaut, in den übrigen GTO-Thyristoren mit FCKW-freier Siedebadkühlung. Drei Bremssysteme ergänzen einander: generatorische Bremsen mit Energierückspeisung, elektropneumatisch gesteuerte Scheibenbremsen und Magnetschienenbremsen. Für Fahrten in die Schweiz bekamen einige Triebköpfe einen zweiten Stromabnehmer mit schmalem Schleifstück. Zum Erkennen von Defekten sind die Züge mit dem Eigendiagnosesystem „DAVID" ausgestattet. Das System leitet Informationen zu den Problemen automatisch an die Werkstatt weiter.

Die Sitzwagen bieten jeweils einen Großraum und mehrere geschlossene Abteile. Im Servicewagen sind ein Fahrgastraum, das Abteil für den Zugchef, ein Konferenzabteil und ein behindertengerechtes WC untergebracht. Im Speisewagen trennt die Küche den Speise- vom Bistrobereich. Er fällt von außen durch das höhere Dach auf.

2005 bis 2008 durchliefen die Züge ein Redesign-Programm, in dem sie auf den neuesten technischen Stand gebracht und die Innenräume an das Design des ICE 3 angepasst wurden. 2017 waren sie in Hamburg-Eidelstedt beheimatet und wurden überwiegend auf den Nord-Süd-Linien eingesetzt.

TECHNISCHE DATEN

Länge ü. Kupplung:
Zug (14-teilig) 357.920 mm
Triebkopf 20.560 mm
Mittelwagen 26.400 mm

Radsatzfolge:
Bo'Bo'+2'2'+…+2'2'+Bo'Bo'

Treibraddurchmesser:
1.030 mm

Achsstand im Drehgestell:
Triebkopf 3.000 mm
Mittelwagen 2.500 mm

Gesamter Achsstand:
Triebkopf 14.460 mm

Dienstmasse:
Triebkopf 80,4; 77,5 [1] t

Maximale Radsatzlast:
Triebkopf 20,1 t

Höchstgeschwindigkeit:
280 km/h

Leistung: 8 x 1.200 kW

Motorbauart:
Drehstrom-Asynchronmotor

Antrieb:
Kardan-Hohlwelle

Anfahrzugkraft:
2 x 200 kN

Stromsystem: 15 kV~/16,7 Hz

Indienststellung: 1991–1993

[1] 401 051/551 bis 090/590 mit GTO-Thyristoren

In den Wagen gibt es Sitze mit und ohne Zwischentische.

BAUREIHE 402

Nur ein Triebkopf – der ICE 2

Hinter dem Triebkopf sind in der Regel sechs Mittel- und ein Steuerwagen eingestellt (402 034, Würzburg, 10. Juli 2015).

Für den Ausbau ihres Hochgeschwindigkeitsnetzes benötigte die Bahn Züge, die sich flexibler an das Fahrgastaufkommen anpassen ließen. Deshalb bestellte sie bei Siemens 44 achtteilige ICE-2-Züge. Die Montage der 46 Triebköpfe erfolgte im ehemaligen Krupp-Werk in Essen, die 264 Mittelwagen wurden bei der AEG Nürnberg sowie bei DUEWAG, LHB und DWA gebaut. Die Steuerwagen entstanden bei Adtranz in Nürnberg. Die Fahrzeuge erhielten folgende Nummern: 402 für die Triebköpfe, 805 für die Mittelwagen 1. Klasse, 806 für die Mittelwagen 2. Klasse, 807 für die Speisewagen und 808 für die Steuerwagen. Im Regelfall setzt sich ein Zug aus einem Triebkopf, einem Steuerwagen, einem Speisewagen und fünf Sitzwagen zusammen.

Der Triebkopf entspricht weitgehend der Baureihe 401. Auf der Frontseite musste allerdings eine zweiteilige Bugklappe angebracht werden, hinter der sich die automatische Kupplung verbirgt.

Die Mittelwagen laufen auf luftgefederten Drehgestellen der Bauart SGP 400. Weil jeder Halbzug nur einen Stromabnehmer hat, muss dieser auch bei sehr hohen Geschwindigkeiten sicher am Fahrdraht bleiben. Für

Der ICE 2 kommt mit einem Triebkopf aus, der weitgehend dem des ICE 1 entspricht.

diese Ansprüche wurde der Stromabnehmer vom Typ DSA 350 SEK angepasst. Die Scharfenberg-Kupplungen der Triebköpfe verbinden die Halbzüge nicht nur mechanisch, sondern auch die Luftleitungen und die Lichtwellenleiter, Datenbusse, die konventionellen Steuerleitungen und das Koaxialkabel des Fahrgastinformationssystems. Gegenüber dem ICE 1 wurde das Antriebssteuergerät SIBAS 32 weiterentwickelt.

Auch die Mittelwagen entsprechen weitgehend der ersten Generation. Die durchgehenden Großräume wurden mit leichteren Sitzen ausgestattet. Kopfhöreranschlüsse, Lautstärkeregler und Programmwähler sowie die Verstellmöglichkeit der Rückenlehnen sorgen für Komfort. Auf Anregung der Fahrgäste wurden die Schwenktische der ICE 1 durch einfach zu bedienende Klapptische an den Lehnen der Vordersitze ersetzt.

Der Bistrobereich des Speisewagens wurde kleiner, weil der Wagen zusätzlich das Serviceabteil aufnehmen musste. Die Stirnpartie des Steuerwagens wurde analog zum Triebkopf gestaltet. An den Führerraum schließt sich ein Maschinenraum an.

2010 begann das Redesign-Programm für den ICE 2, in dem die Züge auf den neuesten technischen Stand gebracht wurden. Die Innenausstattung wurde an die des ICE 3 angepasst.

Alle Züge sind in Berlin-Rummelsburg beheimatet und werden von dort auf kürzeren ICE-Linien mit Flügelzugbildung eingesetzt, oder als Doppeleinheiten in Mischplänen mit den ICE-1-Zügen.

Am hinteren Ende des Zugs ist ein Steuerwagen eingereiht, dessen Kopfform sich an die der Triebköpfe anlehnt.

TECHNISCHE DATEN

Länge über Kupplung:
Zug (8-teilig) 205.360 mm
Triebkopf 20.560 mm
Mittelwagen 26.400 mm

Radsatzfolge:
Bo'Bo'+2'2'+…+2'2'

Treibraddurchmesser:
1.030 mm

Achsstand im Drehgestell:
Triebkopf 3.000 mm
Mittelwagen 2.500 mm

Gesamter Achsstand:
Triebkopf 14.460 mm

Dienstmasse:
Triebkopf 77,5 t

Maximale Radsatzlast:
Triebkopf 20,1 t

Höchstgeschwindigkeit:
280 km/h

Leistung: 4 x 1.200 kW

Motorbauart:
Drehstrom-Asynchronmotor

Antrieb:
Kardan-Hohlwelle

Anfahrzugkraft: 200 kN

Stromsystem: 15 kV~/16,7 Hz

Indienststellung: 1996–1997

Damit die Züge gekuppelt werden können, ist hinter einer Bugklappe eine automatische Kupplung montiert.

BAUREIHE 403

Der Einsystem-ICE-3

Bei den ICE-3-Zügen sind die elektrischen Einrichtungen und der Antrieb über den ganzen Zug verteilt. So hat 403 136 einen Stromabnehmer und trägt den Transformator für einen Halbzug.

Bei den Endwagen 403^0 und 403^5 sind alle vier Radsätze angetrieben. Am 5. Juli 2017 hat 403 561 Ulm Hbf erreicht.

Zur Ergänzung der ICE-Flotte beschaffte die Deutsche Bahn AG die Triebzüge der neuen, 330 km/h schnellen ICE-3-Generation. 1999 begann die Auslieferung von 37 Einheiten der Baureihe 403 durch Siemens und Adtranz. Die DB nahm die Züge zwischen Juli 2000 und August 2001 ab und setzte sie auf ihren Hochgeschwindigkeitsstrecken ein. Ab Januar 2005 wurde die zweite Bauserie ausgeliefert, die bei der DB unter den Nummern 403 051 bis 063 läuft.

Je vier Wagen des achtteiligen Triebzugs bilden eine eigenständige Einheit mit allen elektrischen Einrichtungen. Die Wagenkästen sind in Leichtmetallbauweise aus Großstrang-Pressprofilen hergestellt. Die Untergestelle sind verstärkt. Sie tragen die komplette elektrische Einrichtung, weil der ICE 3 keine Triebköpfe hat. Die Wagen sind mit einer automatischen Kupplung verbunden, die zusammen mit dem Übergang von einem Wellenbalg umschlossen wird. Antrieb und Steuerung sind unterflur unter den einzelnen Wagen eingebaut. Ein Zug besteht aus vier angetriebenen und vier nicht angetriebenen Wagen. Damit lassen sich Steigungen von 40 ‰ bei nur 16 Tonnen Radsatzlast bewältigen.

Wegen einer Störung auf der Schnellfahrstrecke Stuttgart–Mannheim ist 403 051 am 30. September 2015 auf der alten Verbindung bei Asperg unterwegs.

TECHNISCHE DATEN

Länge über Kupplung:	Zug (8-teilig) 200.320 mm Endwagen 25.835 mm Mittelwagen 24.775 mm
Radsatzfolge: (Halbzug)	Bo'Bo'+2'2'+Bo'Bo'+2'2'
Treibraddurchmesser:	920 mm
Achsstand im Drehgestell:	2.500 mm
Gesamter Achsstand:	19.875 mm
Dienstmasse: (Zug)	405 t
Maximale Radsatzlast:	16,6 t
Höchstgeschwindigkeit:	330 km/h
Leistung:	16 x 500 kW
Motorbauart:	Drehstrom-Asynchronmotor
Antrieb:	Stirnradgetriebe, Bogenzahnkupplung
Anfahrzugkraft:	300 kN
Stromsystem:	15 kV~/16,7 Hz
Indienststellung:	2000–2001, 2005

Die Zugkombination sieht in der Regel wie folgt aus:
403^0 Endwagen, 1. Klasse
403^1 Trafowagen, 1. Klasse
403^2 Stromrichterwagen, 1. Klasse
403^3 Mittelwagen, Restaurant
403^8 Mittelwagen, 2. Klasse
403^7 Stromrichterwagen, 2. Klasse
403^6 Trafowagen, 2. Klasse
403^5 Endwagen, 2. Klasse

Der Antrieb erfolgt durch 16 Drehstrom-Asynchronmotoren mit einer Leistung von je 500 kW. Sie übertragen ihr Drehmoment über eine radial und axial bewegliche Bogenzahnkupplung auf das Radsatzgetriebe.

2002 wurden die Züge einem größeren Umbau unterzogen. Man hatte erkannt, dass einerseits zu viele 1.-Klasse-Plätze vorhanden waren und andererseits die Gesamtzahl an Sitzplätzen nicht ausreichte. Um zusätzliche Plätze unterbringen zu können, wurden die Sitze enger aufgestellt, Garderoben entfernt und der ursprüngliche 1.-Klasse-Bereich des Stromrichterwagens der 2. Klasse zugeordnet. Die bequemen, verstellbaren Einzelsitze verteilen sich auf Großräume und geschlossene Abteile. Nach anfänglichen Problemen wurde die Klimaanlage ab April 2004 überarbeitet.

Die Züge der Baureihe 403 sind alle in München beheimatet und werden überwiegend im Schnellverkehr zwischen Dortmund und München über Stuttgart und Frankfurt (Main) eingesetzt. Um auch auf der Schnellfahrstrecke Erfurt–Leipzig/Halle fahren zu können, werden die Züge zur Zeit mit ECTS ausgestattet.

Den Endwagen der Baureihe 403^0 wurde die 1. Klasse zugeordnet. In den Endwagen der Baureihe 403^5 befinden sich Sitze der 2. Klasse (403 008, Essen Hbf).

BAUREIHE 406

Der Mehrsystem-ICE-3

Äußerlich unterscheiden sich die 406 durch die zusätzlichen Stromabnehmer für ausländische Fahrleitungen von den ICE-Zügen der Baureihe 403.

TECHNISCHE DATEN

Länge über Kupplung:
Zug (8-teilig) 200.320 mm
Endwagen 25.835 mm
Mittelwagen 24.775 mm

Radsatzfolge: (Halbzug)
Bo'Bo'+2'2'+Bo'Bo'+2'2'

Treibraddurchmesser:
920 mm

Achsstand im Drehgestell:
2.500 mm

Gesamter Achsstand:
19.875 mm

Dienstmasse: (Zug) 435 t

Maximale Radsatzlast: 16,6 t

Höchstgeschwindigkeit:
330/220 [1] km/h

Leistung: 16 x 500 kW

Motorbauart:
Drehstrom-Asynchronmotor

Antrieb:
Stirnradgetriebe,
Bogenzahnkupplung

Anfahrzugkraft: 300 kN

Stromsysteme:
15 kV~/16,7 Hz; 25 kV~/50Hz
1,5 kV=, 3 kV=

Indienststellung:
2000–2002

[1] unter Gleichspannung

Weil die DB ihre ICE auch in Ländern mit anderen Stromsystemen einsetzen möchte, bestellte sie im Rahmen der ICE-3-Beschaffung Züge, die auch unter Gleichspannung betrieben werden können.

Die 13 Viersystemzüge der Baureihe 406 waren zunächst für Einsätze in die Niederlande vorgesehen. Vier von ihnen gehören der Niederländischen Staatsbahn (NS).

Die achtteiligen Garnituren sind ohne separate Triebköpfe ausgeführt. Die kleinste betriebsfähige Einheit besteht aus vier Wagen. Ein kompletter Zug setzt sich aus vier angetriebenen und vier nicht angetriebenen Wagen zusammen.

Die Untergestelle mussten stabiler als die der Baureihe 403 ausgeführt werden. Sie müssen außer den Wechselstromaggregaten auch die Einrichtungen für den Einsatz unter Gleichstrom aufnehmen. Die Drehgestelle der Bauart SGP 500 sind unter allen Wagen weitgehend baugleich. Ihr Hauptbestandteil ist ein doppelter H-Rahmen aus geschweißten Kastenprofilen. Sie haben primär doppelte Schraubenfederung, sekundär wurden Luftfedern verwendet. Dämpfer und Wankstützen gewährleisten auch bei hohen Geschwindigkeiten einen ruhigen Lauf. Die Züge sind für eine Höchstgeschwindigkeit von 330 km/h vorgesehen.

Die Wagenkästen sind in Leichtmetallbauweise aus Großstrang-Pressprofilen ohne Spriegel hergestellt. Automatische Kupplungen der Bauart Scharfenberg verbinden die einzelnen Wagen miteinander. Die Kupplung und der Übergang werden von einem Wellenbalg umschlossen.

Der Antrieb erfolgt durch 16 Drehstrom-Asynchronmotoren mit einer Leistung von je 500 kW. Sie übertragen ihr Drehmoment über eine radial und axial bewegliche Bogenzahnkupplung auf das einstufige Radsatzgetriebe.

406 052 wird von den Niederländischen Staatsbahnen NS eingesetzt und trägt die Aufschrift „Hispeed“ auf den Stirn- und Seitenwänden.

Der Hauptstromkreis weicht allerdings erheblich von dem des 403 ab. Auf den Wagen 406^1 und 406^6 sind Wechselspannungsabnehmer für DB und ÖBB montiert. Gleichspannungsabnehmer für NS und SNCF befinden sich auf den Wagen 406^2 und 406^7. Die Abnehmer für das Wechselspannungsnetz der SBB, der SNCF und der SNCB sind auf den Wagen 406^3 und 406^8.

Wegen der zusätzlichen Geräte musste die Zahl der Sitzplätze gegenüber der Baureihe 403 verringert werden. Die Endwagen haben z. B. nur 46 Plätze statt 49, weil sich am Wagenende 1 ein großer Geräteschrank befindet. Die Fahrgäste können es sich auf verstellbaren Einzelsitzen in Großräumen und in geschlossenen Abteilen bequem machen. Ab April 2004 wurden die Fahrzeuge mit einer neuen Klimaanlage ausgerüstet.

Die Züge werden heute überwiegend im Schnellverkehr zwischen Amsterdam und Köln eingesetzt. Aber auch Basel gehört zu ihren Zielen. Sie sind in Frankfurt (Main) beheimatet. Die vier Triebwagen der NS haben ihren Heimatbahnhof in Den Haag, werden aber von der Deutschen Bahn gewartet.

Sechs Züge bekamen 2007 die Zulassung für Frankreich und wurden in 406 081/581 ff umgezeichnet. Sie verkehren seither planmäßig zwischen Paris und Frankfurt (Main).

In Paris-Est treffen die deutschen ICE auf den französischen TGV.

BAUREIHE 407

ICE 3, zweite Generation

Konstruktiv gehören die ICE-Züge der Baureihe 407 zu den ICE 3. Sie wurden allerdings auf den neuesten technischen Stand gebracht und bekamen ein neues Außendesign. Am 11. April 2016 ist 407 509 auf der Güterumgehungsbahn bei Stuttgart-Bad Cannstatt unterwegs.

Mit dem „Velaro D“ beschaffte die Deutsche Bahn eine weitere ICE-Bauart, die den Bestand an ICE-1- bis ICE-3-Zügen ergänzt. Aus den ICE-3-Zügen entwickelte Siemens die flexible „Velaro“-Plattform. Sie ermöglicht die Ausstattung der Züge nach kundenspezifischen Wünschen. Nach den Zügen für Spanien, China und Russland ist der „Velaro D“ (D für Deutschland) die vierte realisierte Variante.

Im Dezember 2008 bestellte die DB AG bei Siemens zunächst 15 achtteilige Mehrsystemzüge im Wert von 495 Mio. Euro für den internationalen Hochgeschwindigkeitsverkehr.

Die bei den ersten Velaros verwendeten Trieb- und Laufdrehgestelle des Typs SF 500 wurden für die deutsche Variante komplett überarbeitet. Die Drehgestelle wurden mit neu dimensionierten Radsatzwellen sowie Fahrwerküberwachungs- und -diagnosesystemen ausgerüstet.

Außer generatorischen Bremsen stehen Wirbelstrombremsen und pneumatische Reibungsbremsen mit Scheibenbremsen zur Verfügung.

Gegenüber den Vorgängern wurde das Dach des Velaro D um 40 cm angehoben, um die Aerodynamik zu verbessern und um Stromabnehmer,

Die Mittelwagen der Baureihe 407[3] tragen den Stromabnehmer für den Wechselspannungsbetrieb in Deutschland.

Hochspannungsanlagen, Bremswiderstände und Teile der Klimaanlage strömungsgünstiger unterzubringen.

Die Köpfe der Endwagen bestehen aus einer Aluminiumkonstruktion, die für den Einbau von Crashmodulen für den Aufprallschutz angepasst werden musste. Die Bugklappen sind nicht mehr vertikal geteilt, sondern horizontal, sodass das Vorschieben der Kupplung per Teleskopstange entfällt. Hinter dem jeweiligen Führerraum befindet sich anstelle der bisherigen Lounge ein Technikraum, in dem die Komponenten der Steuerungs- und Zugbeeinflussungstechnik untergebracht sind.

Mit 460 Sitzplätzen (davon 111 in der 1. Klasse und 16 im Bistrobereich) bietet der Velaro D bei mehr Sitzplätzen denselben Sitzkomfort wie der ICE 3. Um dies zu erreichen, wurden mehrere Geräteschränke neu angeordnet. Außerdem entfielen die Abteile zu Gunsten reiner Großraumwagen.

Der Velaro D ist auf der Innotrans 2010 in Berlin erstmals der Öffentlichkeit vorgestellt worden. Mitte Januar 2011 begannen dann im Prüfzentrum Wegberg-Wildenrath Testfahrten. Der Beginn des Planeinsatzes war für Dezember 2011 vorgesehen. Allerdings erteilte das Eisenbahn-Bundesamt erst im Sommer 2013 die Zulassung für den Betrieb in Deutschland in Einfachtraktion. Ab Dezember 2013 durfte auch in Doppeltraktion gefahren werden. Seit April 2014 sind die in Frankfurt-Griesheim beheimateten Züge in Planeinsatz unterwegs. Dabei wird bevorzugt die Linie von Dortmund über Frankfurt (Main) nach München befahren. Es ist auch ein Einsatz nach London geplant. Dieser konnte jedoch wegen fehlender Zulassung in Frankreich noch nicht aufgenommen werden.

Die Züge werden bevorzugt auf der Linie Dortmund–München über Stuttgart eingesetzt. Dort wartet 407 509 auf Ausfahrt.

TECHNISCHE DATEN

Länge über Kupplung:	Zug (8-teilig) 200.720 mm Endwagen 25.700 mm Mittelwagen 24.200
Radsatzfolge: (Halbzug)	Bo'Bo'+2'2'+Bo'Bo'+2'2'
Treibraddurchmesser:	920 mm
Achsstand im Drehgestell:	2.500 mm
Gesamter Achsstand:	19.875 mm
Dienstmasse: (Zug) 454 t	
Maximale Radsatzlast: 17 t	
Höchstgeschwindigkeit:	320; 220 [1] km/h
Leistung:	16 x 500 kW; 16 x 262,5 kW
Motorbauart:	Drehstrom-Asynchronmotor
Stromsysteme:	15 kV~/16,7 Hz; 25 kV~/50 Hz 1,5 kV=, 3 kV=
Indienststellung	2009–2012

[1] unter Gleichspannung

In der Baureihe 407 gibt es nur noch Großräume mit unterschiedlichen Sitzanordnungen.

BAUREIHE 409

„Thalys" – In drei Ländern unterwegs

Die „Thalys"-Züge gehören vier Bahnverwaltungen. Die DB hat die Züge 4321 und 4322 im Bestand, die intern als Baureihe 409 bezeichnet werden. Der Zug 4303 fährt am 29. Dezember 2015 durch Köln-Deutz.

Für den Hochgeschwindigkeitsverkehr zwischen den Städten Paris, Brüssel, Köln und Amsterdam (PBKA) beschafften SNCF, SNCB, DB und NS einen gemeinsamen Fahrzeugtyp. Die Viersystem-PBKA-Hochgeschwindigkeitszüge sind eine Weiterentwicklung des TGV und werden unter dem Produktnamen „THALYS" vermarktet. Die vier beteiligten Bahnen bestellten 17 Garnituren bei GEC-Alsthom. Davon erhielten die SNCB sieben Einheiten (4301 bis 4307), die SNCF sechs (4341 bis 4346), die NS zwei (4331 bis 4332) und die DB zwei (4321 bis 4322). Letztere werden DB-intern als Baureihe 409 geführt.

Eine Zuggarnitur besteht aus zwei Triebköpfen und acht Mittelwagen. Die Mittelwagen sind über Jakobsdrehgestelle miteinander verbunden. Sie bilden somit eine betriebliche Einheit. Durch seine gerundete Nase ähnelt der Thalys PBKA äußerlich dem TGV-Duplex. Technisch betrachtet ist er aber ein Verwandter des TGV-Réseau.

Mittelwagen, die an die Triebköpfe anschließen, haben hier ein eigenes Drehgestell. Am anderen Ende sind sie über ein Jakobsdrehgestell mit dem nächsten Mittelwagen verbunden.

Der Zug 4306 gehört zu den sieben Zügen der belgischen Eisenbahnen SNCB. Am 8. März 2015 fährt er durch Köln-Deutz.

Der Thalys ist für den Links- und den Rechtsverkehr ausgelegt. Daher wurde das Führerpult mittig angeordnet. Die wichtigsten Bedienelemente sind auf beiden Seiten vorhanden.

Die Dauerleistung beträgt bei 1,5 kV Gleichstrom (Niederlande) und bei 15 kV mit 16 2/3 Hz Wechselstrom (Deutschland) nur 3.680 kW. Bei 3 kV Gleichstrom (Belgien) sind es immerhin 5.210 kW. Damit erreichen sie eine Höchstgeschwindigkeit von 220 km/h. Die zulässigen 300 km/h erreicht der Thalys nur unter 25 kV/50 Hz auf französischen, belgischen und niederländischen Hochgeschwindigkeitsstrecken. Hier beträgt seine Leistung 8.800 kW. Den Antrieb übernehmen acht Wechselstrommotoren. Abhängig von Geschwindigkeit, Fahrtrichtung und Netz wird die Anpresskraft der Einholm-Stromabnehmer automatisch geregelt. Sie können sich somit an die unterschiedlichen Oberleitungen anpassen.

Fünf Mittelwagen, davon einer mit Bar, sind für die Fahrgäste der Comfortstufe 2 vorgesehen. Die übrigen drei Wagen führen die Comfortstufe 1. Im Wagen 1 befindet sich das Gepäckabteil. Insgesamt bieten die rund 200 Meter langen Thalys 377 Sitzplätze.

Seit dem 14. Dezember 1997 fahren die Thalys PBKA von Paris nach Brüssel und weiter nach Amsterdam bzw. nach Köln. Inzwischen bekamen die Fahrzeuge eine neue Inneneinrichtung und ein neues Gesicht. Das Zugpersonal präsentiert sich in neuen Uniformen. Ein neues Service-Konzept wurde eingeführt und es gibt auch Breitband-Internet-Anschluss per Satellitentechnologie.

TECHNISCHE DATEN

Länge über Kupplung: Zug (10-teilig) 200.190 mm Endwagen 22.150 mm Mittelwagen 21.845; 18.700 mm
Radsatzfolge: Bo'Bo'+2'(2)'(2)'(2)'(2)'(2)'(2)'(2)'2'+Bo'Bo'
Treibraddurchmesser: 920 mm
Achsstand im Drehgestell: 3.000 mm
Gesamter Achsstand: 17.000; 21.700 mm
Dienstmasse: (Zug) 416 t
Maximale Radsatzlast: 17 t
Höchstgeschwindigkeit: 300 [1]; 250 [2]; 220 [3] km/h
Leistung: 8 x 1.094 [1]; 8 x 485 [2]; 8 x 640 [3] kW
Stromsysteme: 25 kV/50 Hz; 15 kV/16 2/3 Hz; 1,5 kV=; 3 kV=
Indienststellung: 1996–1998
[1] 25 kV/50 Hz; [2] 15 kV/16 2/3 Hz; [3] 1,5 kV= und 3 kV=

In die Züge sind auch Barwagen eingereiht.

BAUREIHE 410

Der Mess-ICE

Zur Erprobung neuer Komponenten für ICE-Züge hat die Bahn einen Zug der Baureihe 410 im Bestand. Er besteht aus zwei modifizierten ICE-2-Triebköpfen und zwei Mittelwagen der Baureihe 810.

Nach den ICE-1- und ICE-2-Zügen, die aus Triebköpfen und nicht angetriebenen Mittelwagen bestehen, änderte die DB das Antriebskonzept. Bei den künftigen ICE-Zügen sollten alle Aggregate unter den Böden der Wagen aufgehängt werden. Durch die Verteilung des Antriebs auf mehrere Wagen ergibt sich ein günstigeres Verhältnis zwischen Masse und Beschleunigung, sodass der ICE 3 schnell seine Höchstgeschwindigkeit von 330 km/h erreicht. Zur Entwicklung des ICE 3 stellte die DB den Versuchszug ICE S (S = Schnellfahrt) der Baureihe 410 in Dienst.

Die Triebköpfe stammen aus der Produktion des ICE 2, wurden aber an die Versuchsansprüche angepasst. Weil die Leistung des fünfteiligen ICE S dreimal so hoch ist wie die eines ICE-Triebkopfs, erreicht er eine Spitzengeschwindigkeit von 400 km/h. Zwei Fahrmotoren je Triebgestell treiben den Versuchszug an. Die Bremsen des ICE S bestehen aus drei Systemen:

- Bei der generatorischen Bremse arbeiten die Fahrmotoren als Generatoren und speisen die beim Bremsen frei werdende Energie in die Oberleitung zurück.
- Die lineare Wirbelstrombremse funktioniert ähnlich wie eine Magnetschienenbremse, allerdings schwebt der Bremsmagnet über dem Gleis. Der Magnet induziert elektrische Felder im Gleis, die den Zug verzögern. Diese Bremse arbeitet praktisch verschleißfrei.
- Die normale Scheibenbremse.

Der Mittelwagen 810 101 ist mit zahlreichen Mess- und Überwachungseinrichtungen ausgestattet.

Am 2. November 2015 ist der Messzug bei Stuttgart-Ebitzweg unterwegs. Am Zugschluss läuft 410 102.

Um die Bedingungen des ICE 3 zu simulieren, wurden die elektrischen Einrichtungen auf die drei Mittelwagen verteilt. Sie bilden dadurch eine Einheit. Der Haupttransformator ist in einer Bodenwanne des nicht angetriebenen Messwagens aufgehängt. Er bezieht seine Energie über den Stromabnehmer auf dem Dach des Messwagens, kann aber auch über die Hochspannungs-Dachleitung aus den Triebköpfen versorgt werden.

Die beiden Triebköpfe wurden mit neuen Hochgeschwindigkeits-Stromabnehmern bestückt. Die Stromabnehmer auf dem Mittelwagen 2 sind nicht angeschlossen. Ihre schmalen Schleifstücke eignen sich für den Einsatz im französischen, niederländischen und belgischen Netz. Neben den zahlreichen Sensoren sind auf dem Dach auch Kameras und je zwei Strahler zur Beobachtung der beiden Mess-Stromabnehmer und der Oberleitung angebracht. Mit dem neuen „Multi-Vehicle-Bus“ (MVB) und der Zugkommunikation „Train Communication Networks“ (TCN) können neben ständig anfallenden Kontrolldaten auch situationsbezogene Daten aufgezeichnet und übertragen werden.

Im Mittelwagen 1 (810 101), dem sogenannten „VIP-Wagen“, standen geladenen Gästen 43 Sitzplätze der 1. Klasse zur Verfügung. Außerdem gab es eine kleine Galley für Snacks und Getränke. Heute ist der Wagen mit Messeinrichtungen ausgestattet. Im Messwagen 810 102 werden ebenfalls Daten gesammelt und zentral verarbeitet. Die ersten Ergebnisse können schon während der Fahrt im Besprechungsabteil erörtert werden. Geräte, die nicht benötigt werden, finden im Lagerraum Platz.

TECHNISCHE DATEN

Länge über Kupplung:
Zug (5-teilig) 120.320 mm
Triebkopf 20.560 mm
Mittelwagen 26.400 mm

Radsatzfolge: Bo'Bo' + Bo'Bo'+2'2'+Bo'Bo'+Bo'Bo'

Treibraddurchmesser:
Triebkopf 1.030 mm
Mittelwagen 920 mm

Achsstand im Drehgestell:
Triebkopf 3.000 mm
Mittelwagen 2.500 mm

Gesamter Achsstand:
Triebkopf 14.460 mm

Dienstmasse: (Triebkopf) 78 t

Maximale Radsatzlast:
Triebkopf 16 t

Höchstgeschwindigkeit:
440 km/h

Leistung:
2 x 4 x 1.200, 2 x 4 x 500 [1] kW

Motorbauart:
Drehstrom-Asynchronmotor

Antrieb:
Kardan-Hohlwelle

Anfahrzugkraft: 341 kN

Stromsystem: 15 kV~/16,7 Hz

Indienststellung: 1997

[1] angetriebene Mittelwagen

Unter dem 810 102 läuft ein Messdrehgestell mit dem neue Bauteile für Laufwerke untersucht werden können.

Der lange Pendel-ICE

Der 411 064 mit dem Namen „Rödental" steht am 20. Mai 2017 abfahrbereit in Frankfurt (Main) Hbf.

TECHNISCHE DATEN

Länge über Kupplung:
Zug (7-teilig) 184.400 mm
Endwagen 27.450 mm
Mittelwagen 25.900 mm

Radsatzfolge:
2'2'+(1A)'(A1)'+(1A)'(A1)'+2'2'
+(1A)'(A1)'+(1A)'(A1)'+2'2'

Treibraddurchmesser:
890 mm

Achsstand im Drehgestell:
2.700 mm

Gesamter Achsstand:
21.700 mm

Dienstmasse: (Zug) 368 t

Maximale Radsatzlast: 16,6 t

Höchstgeschwindigkeit:
230 km/h

Leistung: 8 x 500 kW

Motorbauart:
Drehstrom-Asynchronmotor

Antrieb: Gelenkwelle
mit Stirnradgetriebe

Anfahrzugkraft: 200 kN

Stromsystem: 15 kV~/16,7 Hz

Indienststellung: 1999–2005

Um auch auf Fernstrecken mit teilweise engen Kurvenradien und geringen Geschwindigkeiten einen Innovationsschub hinsichtlich Komfort- und Fahrzeitgewinn zu erzielen, beschaffte die DB die mit Neigetechnik ausgerüsteten, siebenteiligen Triebzüge 411 „ICE T".

32 dieser auf dem ICE 3 basierenden Einheiten wurden zwischen 1999 und 2000 abgeliefert. 2004 und 2005 reihte die DB weitere 27 Züge der Baureihe 411 als ICE T2 mit den Nummern 411 051 bis 411 078 in den Bestand ein.

Die Grundkonzeption des ICE T folgt dem italienischen ETR 460. Dessen Hersteller Fiat Ferroviaria ist am IC-Neitech-Konsortium beteiligt. Der Antrieb der ICE T nutzt die Vorteile der Triebzüge gegenüber der mit den ICE 1 und 2 realisierten Triebkopfvariante: Mehr Sitzplätze bei gleicher Zuglänge, Verteilung der Traktionsleistung auf die gesamte Zuglänge und damit niedrigere Haftwertbeanspruchung des Rad-Schiene-Systems. Die Verteilung der bislang nur in die Triebköpfe eingebauten Einrichtungen über den gesamten Zug hat eine weitgehend gleichmäßige Verteilung der Zuglasten auf alle Achsen zur Folge. Gleichzeitig erhielten die ICE T neuartige Neitech-Drehgestelle, bei denen die Fahrmotoren erstmalig komplett innerhalb der Drehgestelle eingebaut werden konnten.

Durch die Neigetechnik sind die Seitenwände der Züge stärker ausgerundet, um das Umgrenzungsprofil nicht zu überschreiten.

Drei Wagen bilden ein Basismodul. Zwei Module werden durch einen Mittelwagen zu einem siebenteiligen Zug verbunden.

Auch das Leitsystem des ICE T ist neu. Kernstück ist der kabelgestützte Zugbus „WireTrainBus" (WTB). In den Endwagen wurde der WTB über redundante Gateways mit dem Fahrzeugbus nach MVB-Standard gekoppelt (Multifunction Vehicle Bus).

Je drei fest zusammengehörige Wagen bilden ein Basismodul. Sie werden mit Mittel- und Steuerwagen oder mit einem zweiten Basismodul kombiniert. Beispiel für einen siebenteiligen 411 mit zwei Basismodulen und einem zusätzlichen Mittelwagen:

411^{0} Endwagen, 1. Klasse
411^{1} Stromrichterwagen, 1./2. Klasse
411^{2} Fahrmotorwagen, Servicewagen
411^{8} Mittelwagen, 2. Klasse
411^{7} Fahrmotorwagen, 2. Klasse
411^{6} Stromrichterwagen, 2. Klasse
411^{5} Endwagen, 2. Klasse

Alle Züge der Baureihe 411 sind in München beheimatet und werden unter anderem zwischen Frankfurt (Main) und Berlin sowie zwischen Düsseldorf und Dresden eingesetzt. Dabei werden oft zwei 411 oder ein 411 und ein 415 zu Doppeleinheiten gekuppelt. Die Österreichischen Bundesbahnen (ÖBB) übernahmen drei 411 der ersten Bauserie. Sie werden als Baureihe 4011 auf Verbindungen zwischen Wien, Salzburg, Innsbruck, Bregenz, München und Frankfurt (Main) eingesetzt. Diese Züge bekamen eine überarbeitete Software. Zudem wurden ein kleiner Mehrzweckbereich mit Ski-Halterungen sowie ein behindertengerechter Bereich eingerichtet.

Der Stromrichterwagen 411 176 bietet sowohl Plätze der 1. Klasse als auch der 2. Klasse. Die Aufnahme entstand in Koblenz Hbf.

BAUREIHE 412

Die neueste Generation – der ICE 4

Bei der neuesten ICE-Generation, dem ICE 4, hat sich die DB zunächst für zwölfteilige Züge mit sechs angetriebenen „Powercars" entschieden.

Die Triebzüge der Baureihe 412 (ICE 4) bilden derzeit den Abschluss der ICE-Entwicklung bei der Deutschen Bahn. Sie werden die ICE-Züge der Baureihen 403 und 406 unterstützen und die Baureihen 401 und 402 auf lange Sicht ablösen.

Die Fahrzeuge aus dem Hause Siemens folgen einem modularen Konzept mit antriebslosen Steuer- und Mittelwagen sowie angetriebenen Mittelwagen – den sogenannten „Powercars". Aus diesen Wagen können unterschiedliche Konfigurationen zusammengestellt werden. Die DB hat sich zunächst für sieben- und zwölfteilige Züge mit drei bzw. sechs angetrieben Wagen entschieden. Insgesamt wurden 130 Züge bestellt.

Die Teile der Züge werden an mehreren Standorten von Siemens und Bombardier hergestellt. Für die Triebdrehgestelle zeichnet das Siemens-Werk in Graz (früher SGP) verantwortlich. Die Laufdrehgestelle werden von Bombardier in Siegen hergestellt. Der Rohbau der Stahlwagenkästen kommt von Bombardier in Görlitz. Die Köpfe der Endwagen sind aus

Blick in den Speiseraum des ICE 4. Er hinterlässt mit den beigefarbenen Wänden und den auberginefarbenen Sitzen einen gediegenen Eindruck.

Etwas gewöhnungsbedürftig ist das etwas kantigere Design der neuen ICE-Züge.

TECHNISCHE DATEN
Länge über Kupplung: Zug (7-tlg.) 200.000 mm Zug (12-tlg.) 346.000 mm Endwagen 29.106 mm Mittelwagen 28.750 mm
Radsatzfolge: Endwagen 2'2' Mittelwagen Bo'Bo' oder 2'2'
Treibraddurchmesser: 920 mm
Laufraddurchmesser: 825 mm
Achsstand im Drehgestell: 2.500 mm
Gesamter Achsstand: 22.000 mm
Dienstmasse: Zug (7-tlg.) 455 t Zug (12-tlg.) 670 t
Stromsystem: 15 kV~; 16,7 Hz
Leistung: 12 x 825 kW
Höchstgeschwindigkeit: 250 km/h
Indienststellung: seit 2016

GfK gefertigt. Kupplungen hinter den Bugklappen ermöglichen es, Einheiten aus mehreren Zügen zu bilden. Automatische Kurzkupplungen verbinden die Wagen untereinander. Die Faltenbalgübergänge zwischen den Wagen stammen von Hübner aus Kassel.

In den „Powercars" wurden nicht nur vier Fahrmotoren, sondern auch der Transformator, der Traktionsstromrichter und die Traktionskühlanlage integriert.

Die Drehgestelle sind mit einer aktiven Radsatzsteuerung ausgestattet, die einen optimalen Lauf in Gleisbögen gewährleisten soll. Die elektropneumatische Scheibenbremse wird durch eine generatorische Bremse mit Rückspeisung und eine Magnetschienenbremse ergänzt.

Die Züge bieten unter anderem ein Bordrestaurant, ein Stehbistro, Rollstuhlplätze, Stellplätze für Fahrräder und behindertengerechte Toiletten. An einigen Einstiegstüren sind Hublifte für Rollstühle montiert.

Ab Herbst 2016 wurden die ersten Züge nach einer langen Testphase probeweise im Personenverkehr zwischen München und Hamburg über Stuttgart und Frankfurt (Main) eingesetzt. Im Dezember 2017 begann dann der Planverkehr auf dieser Verbindung. Ab 2019 sollen zwölfteilige ICE-4-Triebzüge auf der Neubaustrecke von Köln ins Rhein-Main-Gebiet eingesetzt werden.

Beim 9812 002 handelt es sich um einen antriebslosen Mittelwagen 2. Klasse (Stuttgart-Vaihingen, 25. November 2015).

BAUREIHE 415

Der kurze Pendel-ICE

Die fünfteiligen Züge der Baureihe 415 sind für den Einsatz auf weniger frequentierten Strecken und als Verstärkerzüge vorgesehen.

Auf einigen Strecken kann die Sitzplatzkapazität der Baureihe 411 nicht ausgenutzt werden. Dort kommt die fünfteilige Baureihe 415 zum Einsatz. Die elf Züge wurden gleichzeitig mit den 411 bestellt und 1999 bis 2000 ausgeliefert. Neben ihrem eigenständigen Einsatz fahren sie auch im Zugverband mit der Baureihe 411. Das Basismodul besteht aus einem Endwagen (415^5), einem Stromrichterwagen (415^6) und einem Mittelwagen (415^7). Ein Mittelwagen mit Bistro (415^1) und ein antriebsloser Endwagen (415^0) ergänzen das Basismodul.

Der Wagenkasten ist ohne Spanten und weitgehend spriegellos aus Aluminium-Strangpressprofilen hergestellt. Seitenwände, Dach, Stirnwände und Kopfbereich sind als Baugruppen hergestellt. Automatische Kupplungen verbinden die einzelnen Wagen miteinander. An den Stirnseiten sind die Kupplungen unter Bugklappen versteckt. Die Drehgestelle mit Schraubenfederung von Alstom Ferrovia wurden weitgehend von den italienischen „Pendolino“-Zügen übernommen. Sie bestehen aus einem geschweißten doppelten H-Rahmen aus Rohr- und Kastenträgern.

Eine Doppeleinheit aus einem fünfteiligen 415 (vorn) und einem siebenteiligen 411 (hinten) ist bei Oberau (Sachsen) unterwegs.

In Köln-West entstand die Aufnahme des 415 002 mit dem Namen „Karlsruhe" (Zug 1502).

Die Antriebsmotoren hängen in der Nähe der Drehgestelle unter dem Wagenkasten und übertragen ihr Drehmoment über Gelenkwellen auf die benachbarten Radsätze. Im Gegensatz zu den Vorgängermodellen konnte die Neigetechnik komplett in den Drehgestellen untergebracht werden. Sie erlaubt eine Neigung der Wagenkästen um 8° nach rechts und links. Eine generatorische Bremse wandelt die beim Bremsen frei gewordene Energie über die Fahrmotoren in elektrische Energie um und speist sie in die Oberleitung zurück. Diese Bremse wird von einer Magnetschienenbremse und einer Scheibenbremse unterstützt.

Im holzbetonten Innenraum stehen den Reisenden in der 1. Klasse Ledersitze zur Verfügung. In der 2. Klasse sind die Sitze mit Velours bezogen. Audio- und Video-Programme gehören in der 1. Klasse ebenso zum Standard wie Steckdosen an den Sitzplätzen und die Möglichkeit, Mobiltelefone zu nutzen. Einen besonderen Ausblick bietet die Lounge hinter dem Cockpit. Von dort können Reisende durch eine Glaswand nach vorn aus dem Zug schauen. Für Rollstuhlfahrer steht eine behindertengerechte Toilette zur Verfügung, außerdem wurden Stellplätze für Rollstühle freigehalten. Der Bistrowagen entspricht dem des ICE 3, allerdings wurde der Restaurantbereich durch Sitzplätze und das Kleinkindabteil ersetzt.

Die Baureihe 415 ist in Frankfurt (Main) beheimatet. Für den Schweiz-Einsatz haben die Wagen 415 080 bis 415 084 einen SBB-Stromabnehmer mit schmalem Schleifstück. Weil die kurzen Züge zu wenig Platz boten, wurden sie um zwei Mittelwagen erweitert und in die Baureihe 411 umgezeichnet. Die verkürzten 411 wurden im Gegenzug als 415 eingereiht.

TECHNISCHE DATEN

Länge über Kupplung: Zug (5-teilig) 132.600 mm Endwagen 27.450 mm Mittelwagen 25.900 mm
Radsatzfolge: 2'2'+(1A)'(A1)'+(1A)'(A1)'+(1A)'(A1)'+2'2'
Treibraddurchmesser: 890 mm
Achsstand im Drehgestell: 2.700 mm
Gesamter Achsstand: 21.700 mm
Dienstmasse: (Zug) 273 t
Maximale Radsatzlast: 16,6 t
Höchstgeschwindigkeit: 230 km/h
Leistung: 6 x 500 kW
Motorbauart: Drehstrom-Asynchronmotor
Antrieb: Gelenkwelle mit Stirnradgetriebe
Stromsystem: 15 kV~/16,7 Hz
Indienststellung: 1999–2001

Im 415 101 sind außer dem Bistro auch noch acht Sitzplätze der 1. Klasse und ein Kleinkindabteil zu finden.

BAUREIHE 420

S-Bahn-Triebwagen für München

Die S-Bahn-Triebwagen der Baureihe 420 sind nur noch im Großraum München anzutreffen. Aus allen andern S-Bahn-Netzen sind sie verschwunden (420 467, München-Heimeranplatz, 11. April 2018).

Die Baureihe 420 war lange Zeit in München und Stuttgart sowie dem Rhein-Main- und Rhein-Ruhr-Gebiet nicht wegzudenken. Sie wurde ursprünglich für das 1972 in München eingerichtete S-Bahn-Netz konzipiert. Von 1969 bis 1997 lieferte die Industrie fast 480 Züge, deren Endwagen die Nummern 420 001/501 bis 390/890 und 400/900 bis 489/989 erhielten, während die Mittelwagen als 421 001 bis 390 und 400 bis 498 eingereiht wurden.

Die Kästen sind in Aluminiumleichtbauweise erstellt, bei der ersten Bauserie teilweise auch in Stahlleichtbauweise. Sie bilden zusammen mit dem Untergestell eine selbsttragende Röhrenkonstruktion. Die unter allen Wagen angeordneten Bodenwannen tragen die elektrischen Aggregate. Zwischen den einzelnen Wagen gibt es keine Übergangsmöglichkeit.

Die Kästen stützen sich über eine niveaugeregelte Luftfederung auf die zweiachsigen Drehgestelle ab, wobei die Radsätze selbst schraubengefedert

Die Innenräume der 420 wurden durch Umbauten inzwischen an die der neueren S-Bahn-Baureihen 423 und 430 angeglichen.

Alle noch eingesetzten Wagen stammen aus der letzten Lieferserie mit Schwenkschiebetüren. 420 967 hält am 9. Dezember 2017 in München Hbf tief.

sind. Die Fahrzeuge einer Garnitur sind über Kurzkupplungen und Dämpfungspuffer miteinander verbunden, während an den Zugenden automatische Scharfenbergkupplungen vorhanden sind.

Der Einholmstromabnehmer leitet die Fahrdraht-Spannung über einen Transformator zu den Fahrmotoren. Alle Radsätze sind angetrieben, sodass die Fahrzeuge zügig beschleunigen können. Sifa, Indusi und Zugbahnfunk gehören zur Standardausstattung. Vielfachtraktion wird in allen Einsatzgebieten praktiziert.

Die Fahrgasträume der zweiten Klasse weisen eine 2+2-Bestuhlung mit 179 Plätzen auf. Die 1. Klasse bietet weitere 17 Plätze. In München wurden diese als 2. Klasse mitgenutzt, weil die 1. Klasse dort entfiel. Ab 1995 wurden die Innenräume der Züge modernisiert und mit stoffbezogenen Sitzen ausgestattet.

Mit den Zügen 400 und 416 wurde im Herbst 2005 der „ET 420 plus" vorgestellt. Die Inneneinrichtung dieser modernisierten Wagen lehnt sich an die Baureihe 423 an. Die Züge bekamen neue Fenster und eine Klimaanlage. 420 400 steht heute in der Eisenbahnerlebniswelt in Horb, 420 416 gehört dem DB Museum.

Seit Dezember 2014 fahren in München wieder Triebwagen der Baureihe 420. Sie werden als Verstärker auf den Linien S 2, S 4 und S 20 eingesetzt. Dazu arbeitete die DB 15 ehemalige Stuttgarter Einheiten der neuesten Bauserie auf. Es ist geplant weitere Züge nach München zu holen. 2017 waren die 420 auch noch bei der S-Bahn Rhein-Ruhr und der S-Bahn Köln im Einsatz.

TECHNISCHE DATEN

Länge über Kupplung:
Zug 67.400 mm
Endwagen 23.300 mm
Mittelwagen 20.800 mm

Radsatzfolge:
Bo'Bo'+Bo'Bo'+Bo'Bo'

Treibraddurchmesser:
850 mm

Achsstand im Drehgestell:
2.500 mm

Gesamter Achsstand:
Endwagen 19.000 mm
Mittelwagen 16.500 mm

Dienstmasse: (Zug)
129 [1]; 149 t

Maximale Radsatzlast: 16 t

Höchstgeschwindigkeit:
120 km/h

Leistung: 12 x 200 kW

Motorbauart: 4-poliger Mischstrommotor

Antrieb: Tatzlager

Stromsystem: 15 kV~/16,7 Hz

Indienststellung:
1969–1981; 1990–1997

[1] ab Zug 131 (Endwagen in Alubauweise)

In München sind die Züge der Baureihe 420 als Verstärker auf den Linien S 2, S 4 und S 20 eingesetzt.

BAUREIHE 422

Rhein-Ruhr-S-Bahn

Die S-Bahn-Triebwagen der Baureihe 422 sind eine Weiterentwicklung der Baureihe 423. Äußerlich fallen die neuen Crash-Fronten und das neue Design auf (Wanne-Eickel, 28. September 2015).

TECHNISCHE DATEN

Länge über Kupplung: Zug 69.432 mm
Radsatzfolge: Bo'Bo'2'Bo'Bo'
Achsstand im Drehgestell: Enddrehgestelle 2.200 mm Jakobsdrehgest. 2.700 mm
Dienstmasse: (Zug) 108 t
Maximale Radsatzlast: 18 t
Höchstgeschwindigkeit: 140 km/h
Leistung: 8 x 293,75 kW
Motorbauart: Drehstrom-Asynchronmotor
Antrieb: Querantrieb, zweistufiges Getriebe
Stromsystem: 15 kV~/16,7 Hz
Indienststellung: 2008–2010

Mit der Baureihe 422 nahm die DB AG ab 2008 den ersten Nachfolger der S-Bahn-Baureihe 423 in Dienst. Der Auftrag ging 2005 an Alstom/Bombardier und umfasste ein Volumen von knapp 400 Millionen Euro. Zwischen März 2008 und Oktober 2010 wurden 84 vierteilige Züge ausgeliefert. Bombardier fertigte 26 Züge in Hennigsdorf, die übrigen Züge kamen von Alstom aus Salzgitter.

Technisch ähneln die Züge stark der Baureihe 423. So wurde wieder ein Laufwerk mit zwei Enddrehgestellen und drei Jakobsdrehgestellen gewählt. Im Gegensatz zum 423 bekommen die nicht angetriebenen Jakobsdrehgestelle neben der Radscheibenbremse eine Magnetschienenbremse. Die Bremssteuerung wurde auf den neuesten Stand gebracht.

Die Wagenkästen sind aus Aluminiumprofilen in Leichtbauweise hergestellt und an den Kopfseiten um eine Frontpartie ergänzt, die nach den aktuellen Vorgaben zur Verminderung von Schäden bei Unfällen entwickelt wurde. Als Einstiege sind auf beiden Seiten des Triebwagens je zwölf

Die Triebzüge der Baureihe 422 werden ausschließlich im S-Bahn-Bereich Rhein-Ruhr eingesetzt. So fährt 422 516 am 10. April 2015 in Essen-Kupferdreh ein.

doppelflügelige Schiebetüren angeordnet. Sie sind breiter als bei der Baureihe 423, um einen schnelleren Fahrgastwechsel zu ermöglichen. Die beiden Endführerräume können durch Drehtüren von außen oder vom angrenzenden Fahrgastraum aus betreten werden.

Wie bei den Vorgängern wurde die elektrische Einrichtung unter dem Wagenboden und auf dem Dach eingebaut. Damit konnte der Fußboden durchgehend eben ausgeführt werden. Über den Einholmstromabnehmer gelangt die elektrische Energie zu den beiden Transformatoren und weiter zu den Fahrmotoren. Von dort wird die Leistung über einen teilabgefederten Querantrieb auf die Radsätze übertragen. Die Bordelektronik wurde um die Bombardier-Fahrzeugsteuerung (MITRAC) und das neue Zugbeeinflussungssystem EBI Cab 500 PZB ergänzt.

Der Innenraum ist mit offenen Vis-à-vis-Abteilen und großen Stehflächen an den Einstiegsräumen gestaltet. Wie die Baureihe 440 bekamen die 422 die neuen, bequemeren Sitze der Firma Grammer. Die 1. Klasse ist hinter den beiden Führerräumen zu finden. Auf Toiletten wurde verzichtet. Fahrziel- und Stationsanzeigen sowie eine Lautsprecheranlage vervollständigen die Ausstattung.

Die Triebzüge werden nur im S-Bahn-Betrieb im Rhein-Ruhr-Gebiet eingesetzt. Sie haben lokbespannte Züge sowie ältere S-Bahn-Triebwagen der Baureihe 420 abgelöst. Einige Städte haben Patenschaften für Triebzüge der Baureihe 422 übernommen. Deshalb wurden Züge getauft und an Endwagen der Namen der Stadt und das Stadtwappen angebracht.

Wie im S-Bahn-Betrieb üblich werden die Wagen als Kurzzüge (ein Fahrzeug), Vollzüge (zwei Fahrzeuge) und Langzüge (drei Fahrzeuge) eingesetzt.

48 S-Bahn-Triebzüge der Baureihe 422 hat der Verkehrsverbund Rhein-Ruhr von der DB gekauft. Nach einem Redesign soll die Privatbahn Keolis mit ihnen ab 2019 die S-Bahn-Linien S 1 und S 4 befahren. Auf der S 3 ist am 27. September 2017 422 010 bei Bochum-Dahlhausen unterwegs.

BAUREIHE 423

Der Nachfolger der Baureihe 420

Mit den Zügen der Baureihe 423 konnte die DB in vielen S-Bahn-Netzen die Triebwagen der Baureihe 420 ablösen. 423 807 ist in Plochingen beheimatet und im Großraum Stuttgart unterwegs.

Ende der 1990er-Jahre mussten die ersten S-Bahn-Züge der Baureihe 420 ersetzt werden. Die DB entschied sich für eine vollständige Neukonstruktion in Form der Baureihe 423/433. Als Randbedingung war unter anderem die vorhandene Infrastruktur zu beachten, z. B. die Bahnsteiglängen und -höhen. Zunächst bestellte die DB bei Adtranz und LHB in Salzgitter 190 Triebwagen, die ab 1998 ausgeliefert wurden. Während den Endwagen die Bauartnummern 423^0 und 423^5 zugewiesen wurden, bekamen die ebenfalls angetriebenen Mittelteile die Baureihennummern 433^0 und 433^5.

Jakobsdrehgestelle und Stirnübergänge verbinden die einzelnen Elemente der vierteiligen Züge miteinander. So können sich die Fahrgäste über den gesamten Zug verteilen. Die geschweißten Wagenkästen sind in Alu-Leichtbauweise aus Groß-Strangpressprofilen hergestellt. Pro Zugteil und Seite ermöglichen drei große, doppelflügelige Schiebetüren mit Türschließautomatik den zügigen Fahrgastwechsel. Die beiden separaten Endführerräume sind durch Drehtüren von außen oder vom angrenzenden Fahrgastraum aus zugänglich.

Luftfedern ohne direkte Wiege verbinden die Wagenkästen mit den Drehgestellen. Die Enddrehgestelle weisen einen Achsstand von 2.200 mm auf, bei den mittleren Jakobsdrehgestellen beträgt er 2.700 mm. Die Primärfederung erfolgt über Gummischichtfedern. Beschleunigungs- und Bremskräfte werden über eine Tiefanlenkung übertragen.

Die Triebwagen der Baureihen 422 bis 433 haben Jakobsdrehgestelle auf denen die Enden von je zwei Wagenkästen aufliegen. Sie wurden mit und ohne Antrieb unter den Wagen verwendet.

423 194, der in Köln-Deutz auf Ausfahrt wartet, trägt das Wappen von Nordrhein-Westfalen.

Die elektrische Ausrüstung konnte vollständig unter dem Wagenkasten und auf dem Dach angeordnet werden. Der Einholmstromabnehmer der Bauart DSA 350 SEK befindet sich in der Mitte der Züge. Jeweils zwei Zugteile sind mit einem eigenen Transformator ausgestattet, der die Energie an die Drehstrom-Asynchronmotoren mit Tatzlagerantrieb weiterleitet. Die Züge haben ein Fahrgastinformationssystem (FIS), das das Fahrziel und die nächste Haltestelle anzeigt sowie die nächste Haltestelle und die Seite des Ausstiegs ansagt.

Der Innenraum besteht aus einem durchgehenden Großraum 2. Klasse mit einer Trenntür in der Zugmitte und zwei 1.-Klasse-Abteilen hinter den Führerräumen. Die S-Bahn München verzichtete auf die 1. Klasse.

Die offenen Abteile haben eine 2+2-Sitzanordnung mit gepolsterten Sitzen, Kopflehnen und Gepäckablagen über den Fenstern. Wie bei S-Bahn-Zügen üblich, haben die Fahrzeuge keine Toiletten. Luftbehandlungsgeräte sollen für ein angenehmes Klima im Inneren sorgen.

Die verkehrsroten Triebwagen werden als Kurz- (1 Zug), Voll- (2 Züge) und Langzüge (3 Züge) eingesetzt. Sie sind auf den S-Bahn-Strecken rund um Stuttgart, im Rhein-Ruhr-Gebiet, im Köln, im Raum München – teilweise mit Vollwerbung – und im Rhein-Main-Gebiet unterwegs.

Inzwischen wurden die Stuttgarter Züge einem Redesign unterzogen und dabei an die Baureihe 430 angepasst. Versuchsweise sind einige Wagen mit WLAN-Zugang unterwegs. Auch für die Münchner Wagen ist eine Überarbeitung vorgesehen.

TECHNISCHE DATEN

- Länge über Kupplung: Zug 67.400 mm, Endwagen 18.245 mm, Mittelwagen 15.505 mm
- Radsatzfolge: Bo'Bo'2'Bo'Bo'
- Treibraddurchmesser: 850 mm
- Achsstand im Drehgestell: Enddrehgestelle 2.200 mm, Jakobsdrehgest. 2.700 mm
- Gesamter Achsstand: Endwagen 17.820 mm, Mittelwagen 18.205 mm
- Dienstmasse: (Zug) 108 t
- Maximale Radsatzlast: 18 t
- Höchstgeschwindigkeit: 140 km/h
- Leistung: 8 x 293,75 kW
- Motorbauart: Drehstrom-Asynchronmotor
- Antrieb: Stirnradgetriebe, Keilpaketkupplung
- Stromsystem: 15 kV~/16,7 Hz
- Indienststellung: 1998–2007

In München ist 423 622 unterwegs. Er ist in München-Steinhausen beheimatet.

BAUREIHE 424

Im Raum Hannover zu Hause

Auch bei den Fahrzeugen der Baureihe 424 sind Züge mit Vollwerbung unterwegs, die ein recht buntes Bild abgeben.

TECHNISCHE DATEN

Länge über Kupplung:
Zug 67.500 mm
Endwagen 18.245 mm
Mittelwagen 15.505 mm

Radsatzfolge: Bo'Bo'2'Bo'Bo'

Treibraddurchmesser:
850 mm

Achsstand im Drehgestell:
Enddrehgestelle 2.200 mm
Jakobsdrehgest. 2.700 mm

Gesamter Achsstand:
Endwagen 17.820 mm
Mittelwagen 18.205 mm

Dienstmasse: (Zug) 108 t

Maximale Radsatzlast: 18 t

Höchstgeschwindigkeit:
140 km/h

Leistung: 8 x 293,75 kW

Motorbauart:
Drehstrom-Asynchronmotor

Antrieb: Stirnradgetriebe, Keilpaketkupplung

Stromsystem: 15 kV~/16,7 Hz

Indienststellung: 2001–2002

Für die unterschiedlichen Ballungsgebiete beschaffte die DB S-Bahn-Züge, die speziell auf die jeweiligen Betriebsbedingungen zugeschnitten sind. So entstand neben der Baureihe 423, die in mehreren S-Bahn-Netzen eingesetzt wird, eine eigene Baureihe für Hannover. Sie wird in den Listen der DB als Baureihe 424/434 geführt. Der entscheidende Unterschied zur Baureihe 423 besteht in der geringeren Zahl von Einstiegstüren und der Einstiegshöhe von nur 798 mm über der Schienenoberkante (SO). Von Bahnsteigen, die nur 760 mm über SO liegen, sind diese Wagen über Trittstufen zu erreichen, die beim Öffnen der Türen automatisch herausfahren.

Die Wagenkästen entsprechen in ihrem Aufbau den anderen Triebwagen dieser Familie. Allerdings sind sie nur 2.840 mm breit statt der sonst üblichen 3.020 mm. Jede Wagenseite verfügt über zwei zweiflügelige Schwenkschiebetüren mit einer Klapptrittstufe. Die festen Fenster sind tiefer angeordnet als bei der Baureihe 423.

Im Gegensatz zur Baureihe 423 haben die 424 nur acht doppelflügelige Schiebetüren auf jeder Wagenseite. Diese haben eine lichte Öffnungsweite von 1.200 mm oder 1.300 mm.

Wegen der geringeren Fußbodenhöhe mussten die elektrischen Einrichtungen neu konstruiert werden. Dabei ergaben sich so große Abweichungen, dass die Züge mit der Baureihe 423 nur mechanisch (über eine automatische Scharfenbergkupplung), nicht aber elektrisch gekuppelt werden können.

Auf dem Dach eines Mittelwagens befindet sich ein Einholmstromabnehmer der Bauart DSA 350 SEK. Außerdem sind hier die Aggregate der Klimaanlage zu finden. Ein 32-bit-Mikroprozessor übernimmt die Steuerung der Fahrzeuge.

Die Innenräume sind als durchgängige Großräume mit Faltenbalgübergängen zwischen den Wagenteilen ausgeführt. Die offenen Abteile sind mit Vis-à-vis-Bestuhlung ausgestattet. An den Wagenenden wurden Mehrzweckräume mit Klappsitzen und die 1.-Klasse-Abteile angeordnet. Im Endwagen 1 ist eine behindertengerechte Vakuum-Toilette untergebracht. Insgesamt stehen den Reisenden 206 Sitzplätze zur Verfügung, 24 davon entfallen auf die 1. Klasse. 152 Sitze der 2. Klasse sind fest montiert, 30 als Klappsitze ausgeführt.

Alle 40 verkehrsroten Triebwagen werden in Hannover im S-Bahn-Verkehr eingesetzt. Ursprünglich sollten sie zur EXPO 2000 in Betrieb gehen. Die Transformatoren verursachten aber Störungen an der Signal- und Sicherungstechnik. Seit 2003 bekommen die Triebwagen Namen von Städten aus dem S-Bahn-Netz Hannover. Die Namen sind samt Stadtwappen an beiden Enden der Züge angebracht.

Die Triebwagen der Baureihe 424 sind ausschließlich im Großraum Hannover anzutreffen, weil hier eine Bahnsteighöhe von 760 mm überwiegt, an die die Züge angepasst sind.

Die meisten 424 sind auf die Namen von Anrainer-Städten getauft. So zeigt die Aufnahme den 424 535 „Haste“.

BAUREIHE 425

Für den Regional-Verkehr

425 047 stammt aus der ersten Bauserie und hat feste Trittstufen. Er gehört zu DB Regio Bayern und ist am 10. Juli 2015 bei Würzburg unterwegs.

Die dritte Baureihe der neuen elektrischen Triebwagen ist für den Regionalverkehr vorgesehen und weist entsprechende Merkmale in Aufbau und Gestaltung auf. So wurde die Anzahl der Türen verringert, eine Toilette eingebaut und die Höchstgeschwindigkeit der Züge auf 160 km/h erhöht. Die Fußbodenhöhe beträgt in den Fahrgasträumen 798 mm. An den Türen befinden sich 580 mm hohe, feste Trittstufen.

Die Endwagen haben am Ende einen geschlossenen Führerraum, der sowohl von den Längsseiten als auch vom Fahrgastraum aus betreten werden kann. Die Seitenfenster sind fest mit dem Wagenkasten verbunden. Bei wenigen Fenstern kann das Oberteil nach innen geklappt werden.

Luftgefederte Drehgestelle sollen für einen ruhigen Lauf sorgen. Die inneren Jakobsdrehgestelle tragen je zwei Wagenkästen und stellen somit die Verbindung zwischen den einzelnen Wagenteilen her. Die Übergänge zwischen den einzelnen Wagenteilen werden durch Faltenbälge gesichert. An den Stirnseiten der Endwagen befinden sich Kupplungen der Bauart Scharfenberg, mit denen mehrere Triebwagen mechanisch und elektrisch zu einer Einheit gekuppelt werden können.

425 022 wurde von DB Regio NRW eingesetzt und hat ein entsprechendes Wappen auf der Führerraumtür. Am 11. Mai 2015 steht er in Essen.

425 587 war für den Mittelhessen-Express im Einsatz. Später wurde er nach Hannover umgesetzt.

TECHNISCHE DATEN
Länge über Kupplung: Zug 67.500 mm Endwagen 18.245 mm Mittelwagen 15.505 mm
Radsatzfolge: Bo'Bo'2'Bo'Bo'
Treibraddurchmesser: 850 mm
Achsstand im Drehgestell: Enddrehgestelle 2.200 mm Jakobsdrehgest. 2.700 mm
Gesamter Achsstand: Endwagen 17.820 mm Mittelwagen 18.205 mm
Dienstmasse: (Zug) 111 t
Maximale Radsatzlast: 18 t
Höchstgeschwindigkeit: 140; 160 [1] km/h
Leistung: 8 x 293,75 kW
Motorbauart: Drehstrom-Asynchronmotor
Antrieb: Stirnradgetriebe, Keilpaketkupplung
Stromsystem: 15 kV~/16,7 Hz
Indienststellung: 2001–2005
[1] mit LZB

Für den Antrieb sorgen schnell laufende Asynchron-Fahrmotoren. Sie verfügen über einen modifizierten Tatzlagerantrieb und übertragen ihr Drehmoment über eine Gummikupplung auf ein zweistufiges Getriebe und weiter auf die Radsätze. Sämtliche Aggregate der elektrischen Ausrüstung sind unterflur angeordnet. Die Rückkühler der Klimaanlage befinden sich auf dem Wagendach. Über Wärmetauscher kann die Abwärme der Fahrmotoren und der Stromrichter zum Heizen genutzt werden. Die LZB ermöglicht den Einsatz der Wagen bis 160 km/h. Über eine Lautsprecheranlage und Matrixanzeigen werden Informationen an die Reisenden weitergegeben.

Der Großraum hat offene Vis-à-vis-Abteile mit festen Sitzen. Über den Fenstern befinden sich Längsgepäckablagen. In einem Mehrzweckraum ist eine Vakuum-Toilette untergebracht.

Weil die Wagen großflächig unterwegs sind, gibt es mehrere Untervarianten. So haben 425 001 bis 425 156 feste Stufen. Außerdem haben sie an den ersten und letzten Türen einen Hublift. 44 Züge wurden mit Magnetschienenbremsen ausgestattet. 425 150 bis 425 155 haben Variotrittstufen, um auch an niedrigeren Bahnsteigen halten zu können. Sie werden im Raum Hannover eingesetzt. 425 201 bis 425 240 sind auf allen Linien der S-Bahn Rhein-Neckar im Einsatz. Sie haben Sitze mit Armlehnen, eine Fußbodenhöhe von 780 Millimetern und Klapptritte.

Inzwischen wurden auch die ersten Wagen der Baureihe 425 einem Redesign unterzogen und dabei je nach Einsatzgebiet unterschiedlich ausgestattet. Als „425 Plus“ werden Wagen bezeichnet, die auf der Linie RE 11 zwischen Düsseldorf und Kassel-Wilhelmshöhe unterwegs sind.

425 211 gehört zu den Zügen für den Rhein-Neckar-Raum. Er hat Sitze mit Armlehnen und eine Klapptrittstufe unter den Einstiegstüren.

BAUREIHE 426^0

Der kurze RegionalBahn-Triebwagen

Die zweiteiligen Züge der Baureihe 426 sind für den Einsatz auf wenig frequentierten Strecken gedacht. 426 523 zeigt sich in Koblenz Hbf.

TECHNISCHE DATEN

- Länge über Kupplung: Zug 36.490 mm Endwagen 18.245 mm
- Radsatzfolge: Bo'2'Bo'
- Treibraddurchmesser: 850 mm
- Achsstand im Drehgestell: Enddrehgestelle 2.200 mm Jakobsdrehgest. 2.700 mm
- Gesamter Achsstand: 18.205 mm
- Dienstmasse: (Zug) 63,2 t
- Maximale Radsatzlast 18 t
- Höchstgeschwindigkeit 140; 160[1] km/h
- Leistung: 4 x 293,75 kW
- Motorbauart: Drehstrom-Asynchronmotor
- Antrieb: Stirnradgetriebe, Keilpaketkupplung
- Stromsystem: 15 kV~/16,7 Hz
- Indienststellung: 2001–2002

[1] mit LZB

Für schwach frequentierte Regionalstrecken beschaffte die DB ab 1999 eine zweiteilige Variante der Baureihe 425. Die Baureihe 426 entstand in Zusammenarbeit zwischen Adtranz, Siemens und der DB. Bombardier-DWA zeichnete für den wagenbaulichen Teil verantwortlich. Wie bei allen Triebwagen der Baureihen 423 bis 426 trägt ein Teil die Betriebsnummer 426^0, der andere hat die Nummer 426^5.

Der zweiteilige Triebwagen besteht aus fast baugleichen Hälften, die über ein Jakobsdrehgestell und einen Übergang für die Reisenden miteinander verbunden sind. Für die Wagenkästen wurden Aluminium-Strangpressprofile in Leichtbauweise verwendet. Die Köpfe der Führerstände sind aus glasfaserverstärktem Kunststoff gefertigt und mit den Kästen verschraubt und verklebt. Die Doppelschiebetüren haben ein Warnsystem und eine Türschließanlage. Die Seitenfenster können nicht geöffnet werden.

Drei luftgefederte Drehgestelle sollen für einen ruhigen Lauf sorgen. In der Mitte stützen sich beide Wagenkästen auf das tief angelenkte, antriebslose Jakobsdrehgestell. An den Stirnseiten befinden sich Kupplungen der Bauart Scharfenberg, mit denen mehrere Triebwagen zu einer Einheit gekuppelt werden können. Durch die Mehrfachsteuerung lassen sich alle

Die Stuttgarter 426 werden auch auf der „Schusterbahn" zwischen Stuttgart-Untertürkheim und Kornwestheim eingesetzt. Hier genügt ein Zug für die wenigen Fahrgäste.

Wagen von einem Führerstand aus steuern. Die Fahrzeuge können auch gemeinsam mit den Triebwagen der Baureihe 425 eingesetzt werden.

Die flüssigkeitsgekühlten Asynchron-Fahrmotoren mit modifiziertem Tatzlagerantrieb übertragen ihr Drehmoment über eine Gummikupplung auf ein Getriebe und auf die Radsätze. Die extra flach ausgeführten elektrischen Aggregate wie Transformatoren oder Stromrichter sind unterflur angeordnet. Die Kühler der Klimaanlage befinden sich auf dem Dach. Ein Einholmstromabnehmer der Bauart DSA 350 SEK versorgt den Zug mit elektrischer Energie aus der Oberleitung. Über eine Lautsprecheranlage und Matrixanzeigen können Informationen an die Reisenden weitergegeben werden.

Im Großraum befinden sich offene Abteile mit stoffbezogenen Sitzen in Vis-à-vis-Anordnung. Über den Fenstern sind Längsgepäckablagen montiert. Am vorderen Ende des 426^0 ist ein 1.-Klasse-Abteil zu finden. Wie beim 425 ist auch in den 426 eine Toilette vorhanden.

Die 42 Triebwagen sind auf wenig frequentierten Strecken oder in Tagesrandlagen von den Werken Essen, Frankfurt (Main), München, Münster, Plochingen und Trier aus unterwegs. Der Zug 426 011/511 ist nach einem Unfall im April 2004 im Bf Süßen aus dem Betriebsbestand ausgeschieden und wurde verschrottet.

Oft werden die 426 auch zusammen mit Zügen der Baureihe 425 eingesetzt. Weil sich die beiden Baureihen bis auf die Mittelwagen nicht unterscheiden, können sie zusammen von einem Führerstand aus gesteuert werden.

Die Züge dürfen bis zu 140 km/h schnell fahren. Sind sie mit einer LZB ausgestattet, sind sogar 160 km/h erlaubt.

BAUREIHE 426^{1}–429

Der „FLIRT“ von Stadler Rail

Die WestfalenBahn hat dreiteilige (Baureihe 427) und fünfteilige Züge (Baureihe 429) im Bestand. Sie gehören Alpha Trains Europa und sind nur angemietet.

TECHNISCHE DATEN (426)
Länge über Kupplung: (Zug) 42.066 mm
Radsatzfolge: Bo'2'2'
Treibraddurchmesser: 860 mm
Laufraddurchmesser: 750 mm
Achsstand im Drehgestell: 2.700 mm
Dienstmasse: (Zug) 76 t
Höchstgeschwindigkeit: 140 km/h
Leistung: 1.000 kW
Stromsystem: 15 kV~/16,7 Hz
Indienststellung: seit 2006

Um auf dem internationalen Markt für leichte Schienenfahrzeuge konkurrenzfähig zu sein, bietet der Schweizer Fahrzeughersteller Stadler Rail AG mit dem „FLIRT“ (Flinker Leichter Innovativer Regional-Triebzug) seit 2004 einen Triebzug an, der in unterschiedlichen Ausführungen geliefert werden kann.

Die Fahrzeuge sind als zwei- bis sechsteilige Einheiten lieferbar. In Deutschland haben sich mehrere private Einsteller und die DB Regio Nordost zur Beschaffung solcher Wagen entschlossen. Bisher wurden nur zwei- bis fünfteilige Züge ausgeliefert.

Im nationalen Fahrzeugregister wurden den Fahrzeugen folgende Baureihennummern zugewiesen:

- 426: zweiteiliger Zug
- 427: dreiteiliger Zug
- 428: vierteiliger Zug
- 429: fünfteiliger Zug.

Die sechsteilige Variante ist in Deutschland noch nicht anzutreffen und hat noch keine Baureihennummer.

Während bei den zweiteiligen Zügen nur ein Enddrehgestell angetrieben ist, werden bei den längeren Einheiten beide Enddrehgestelle für den

Die Hessische Landesbahn hat ihre Züge recht farbenfroh lackiert. Zum Bestand gehört auch der dreiteilige 427 623. Hier steht er abfahrbereit in Frankfurt (Main)-Höchst.

Vortrieb genutzt. Die einzelnen Wagenteile sind über Jakobs-Laufdrehgestelle miteinander verbunden. Alle Drehgestelle sind luftgefedert. Die Kästen aus Aluminium-Strangpressprofilen wurden von außen beblecht. Die Kopfpartien sind aus GfK-Teilen gefertigt. Der Fahrgastraum konnte zum Großteil niederflurig ausgeführt werden. Lediglich in den Endbereichen über den Antriebsdrehgestellen musste der Fußboden etwas erhöht werden. Dieser Bereich ist über eine Stufe zu erreichen. Jeder Wagenteil hat auf jeder Seite eine doppelflügelige Schiebetür mit Übergangsbrücke.

Mit automatischen Mittelpufferkupplungen der Bauart Scharfenberg an beiden Enden der Triebzüge können Einheiten aus mehreren Zügen gebildet werden.

Die redundant ausgeführte Antriebstechnik aus vier Strängen ist mit IGBT-Stromrichtern bestückt. Zugbus, Fahrzeugbus und Diagnoserechner vervollständigen die Ausstattung. Durch die Vielfachsteuerung können bis zu drei Fahrzeuge von einem Führerpult aus gesteuert werden. Der Innenraum ist mit neuen, besonders weich gepolsterten Sitzen bestückt, die in Reihe und vis-à-vis aufgestellt sind. Die 1.-Klasse-Bereiche mit insgesamt 15 Sitzplätzen sind hinter den beiden Führerräumen zu finden. Im zweiten und vierten Fahrzeugteil sind Mehrzweckräume mit Klappsitzen an den Längsseiten eingerichtet. Hier können Fahrräder und andere sperrige Gegenstände abgestellt werden. In einem der Mehrzweck-

Die ersten „Flirt" in Deutschland waren die Züge des „seehas". Sie gehören der SBB GmbH und sind seit 2006 am Bodensee unterwegs (Radolfzell, 27. Mai 2016).

TECHNISCHE DATEN (427)
Länge über Kupplung: (Zug) 58.178 mm
Radsatzfolge: Bo'2'2'Bo'
Treibraddurchmesser: 860 mm
Laufraddurchmesser: 750 mm
Achsstand im Drehgestell: 2.700 mm
Dienstmasse: (Zug) 101,6 t
Höchstgeschwindigkeit: 160 km/h
Leistung: 2.000 kW
Stromsystem: 15 kV~/16,7 Hz
Indienststellung: seit 2004

Die zweiteiligen „Flirt" der Baureihe 426 sind eher selten vertreten. Sieben Züge sind für die Abellio Rail NRW unterwegs.

Eurobahn bietet zahlreiche Nahverkehrsverbindungen in ganz Niedersachsen an. Dazu hat sie auch Züge der Baureihe 428 von Alpha Trains Europa angemietet.

TECHNISCHE DATEN (428)
Länge über Kupplung: (Zug) 74.276 mm
Radsatzfolge: Bo'2'2'2'Bo'
Treibraddurchmesser: 860 mm
Laufraddurchmesser: 750 mm
Achsstand im Drehgestell: 2.700 mm
Dienstmasse: (Zug) 124 t
Höchstgeschwindigkeit: 160 km/h
Leistung: 2.000 kW
Stromsystem: 15 kV~/16,7 Hz
Indienststellung: seit 2004

räume wurde ein Cateringbereich mit Getränke- und Snackautomat ausgestattet. Im anderen ist eine barrierefreie Toilette mit Vakuum-WC-System eingebaut. Glastrennwände und eine Klimaanlage sollen für ein angenehmes Klima in den Fahrzeugen sorgen.

2006 genehmigte das Eisenbahn-Bundesamt (EBA) den Einsatz der Züge in Deutschland. Als erste nutzte die SBB GmbH diesen Umstand und setzt seit Mai 2006 die in der Schweiz registrierten und als RABe 521 bezeichneten Züge am Bodensee über Singen nach Konstanz und auf der Wiesentalbahn zwischen Basel und Zell ein.

Etwa zur gleichen Zeit bestellte DB Regio fünf Züge für den Einsatz an der Ostseeküste als „Hanse-Express" zwischen Rostock und Sassnitz. Die Triebwagen wurden im August 2007 geliefert und zunächst als Baureihe 427 bezeichnet. Später wurde diese Baureihe für die Dreiteiler vergeben und die DB zeichnete ihre Wagen Anfang 2009 in 429 um. 2017 waren die Züge in Rostock beheimatet.

Als erstes deutsches Privat-Unternehmen hat die Cantus Verkehrsgesellschaft je sieben dreiteilige und drei vierteilige Züge beschafft. Weitere sieben Dreiteiler der HLB sind für Cantus im Einsatz. Sie fahren zwischen Göttingen, Kassel, Bebra, Fulda und Eisenach. Rail NRW bedient seit Dezember 2007 mit neun dreiteiligen und acht zweiteiligen Flirt-Triebzügen

Designstudie für die Lackierung des neuen „Rhein-Ruhr-Express" (RRX) an einem Zug der Baureihe 428 der Eurobahn. Die RRX-Züge sollen ab 2018 auf sieben Linien Nahverkehrsverbindungen unter anderem zwischen Köln und Dortmund erbringen.

den Regionalverkehr zwischen Essen, Hagen, Iserlohn und Siegen. Die Züge gehören der Leasinggesellschaft CB Rail.

28 Vierteiler und 15 Fünfteiler hat die Keolis/Eurobahn auf ihrem Netz in Nordrhein-Westfalen im Einsatz. Die weißen Züge wurden 2006 von Alpha Trains Europa in Auftrag gegeben und sind von Keolis/Eurobahn nur angemietet.

Seit Dezember 2007 betreibt die Westfalenbahn das Teutoburger-Wald-Netz. Dazu hat sie 14 Dreiteiler (427) und fünf Fünfteiler (429) im Einsatz. Seit Dezember 2010 sind 14 vier- und fünf dreiteilige Fahrzeuge auf der rechtsrheinischen Strecke von Frankfurt (Main) nach Neuwied im Einsatz. Die Hessische Landesbahn setzt seit 2010 sechs fünfteilige und drei dreiteilige Züge zwischen Frankfurt (Main) und Siegen ein.

Im Großraum Salzburg setzt die Berchtesgadener Land Bahn fünf dreiteilige Züge ein, die von Alpha Trains geleast sind.

Die Vias GmbH, ein Eisenbahnunternehmen mit Sitz in Frankfurt (Main), bestellte 2008 19 Triebwagen für das Rheingaunetz (RMV-Linie 10). Dort sind seit Dezember 2010 14 Vier- und fünf Dreiteiler auf der rechtsrheinischen Strecke von Frankfurt über Wiesbaden, Rüdesheim und Koblenz nach Neuwied unterwegs.

Die Hessische Landesbahn setzt auf der RMV-Linie 40 zwischen Frankfurt (Main), Gießen und Siegen seit 2010 ebenfalls FLIRT-Züge ein. Dafür beschaffte das Unternehmen sechs fünfteilige und drei dreiteilige Triebwagen.

Die Cantus Verkehrsgesellschaft setzt ihre Züge im Raum Kassel ein. Sie hat Drei- und Vierteiler im Bestand (Kassel Hbf, 16. Februar 2015).

TECHNISCHE DATEN (429)
Länge über Kupplung: (Zug) 90.378 mm
Radsatzfolge: Bo'2'2'2'2'Bo'
Treibraddurchmesser: 860 mm
Laufraddurchmesser: 750 mm
Achsstand im Drehgestell: 2.700 mm
Dienstmasse: (Zug) 145 t
Höchstgeschwindigkeit: 160 km/h
Leistung: 2.000 kW
Stromsystem: 15 kV~/16,7 Hz
Indienststellung: seit 2007

Auch DB Regio hat den „Flirt" im Bestand. Die fünfteiligen Züge wurden zunächst als Baureihe 427 geführt, mussten später aber in 429 umbenannt werden.

BAUREIHE 1427–1430

„FLIRT EMU“

Auf dem E-Netz Rosenheim hat die Bayerische Oberlandbahn (BOB) sieben dreiteilige Züge im Einsatz. Am 7. März 2016 verlässt 1427 001 München Hbf.

Mit den neuen Triebwagen vom Typ „FLIRT EMU“ zeichnet zum ersten Mal die Stadler Pankow GmbH Berlin vollständig für die Entwicklung eines solchen Zuges verantwortlich. Die Züge weisen im Vergleich zu den Vorgängerzügen einige technische Neuerungen auf. Die Aluminium-Wagenkästen sind in Leichtbauweise gefertigt und liegen über Luftfederungen auf den Drehgestellen auf. Die einzelnen Segmente sind über Jakobsdrehgestelle miteinander verbunden.

Die Ausrüstung des Antriebs ist doppelt ausgeführt und besteht aus je einem Transformator, einem IGBT Stromrichter und zwei Asynchron-

TECHNISCHE DATEN (1428)

- Länge über Kupplung: 74.400 mm
- Radsatzfolge: Bo'2'2'2'Bo'
- Achsstand im Drehgestell: Enddrehgestelle 2.500 mm Jakobsdrehgest. 2.700 mm
- Dienstmasse: (Zug) 132,9 t
- Höchstgeschwindigkeit: 160 km/h
- Leistung: 4 x 500 = 2.000 kW
- Motorbauart: Drehstrom-Asynchronmotor
- Stromsystem: 15 kV~; 16,7 Hz
- Indienststellung: seit 2015

Für den „Südwest-Express“ (SÜWEX) beschaffte DB Regio fünfteilige Züge vom Typ Flirt 3. Mit ihrer weißen Lackierung weichen die Fahrzeuge von der üblichen roten Regio-Lackierung ab (Karlsruhe Hbf, 16. Juli 2015).

Fahrmotoren, die jeweils beide Radsätze der Enddrehgestelle antreiben. Die Züge erreichen damit eine Höchstgeschwindigkeit von 160 km/h.

Der Grundaufbau lehnt sich zwar an den in der Schweiz entwickelten FLIRT an. Völlig neu hingegen sind jedoch die nach den Vorgaben der „Technischen Spezifikationen für die Interoperabilität“ (TSI) ausgeführten und mit Stoßverzehrelementen ausgerüsteten Kopfpartien. Dabei erhielten die Züge ein neues Design. Außerdem ist an den Seiten ein Aufkletterschutz vorhanden und die Mittelpufferkupplung wurde hinsichtlich der Energieaufnahme bei einer Kollision optimiert.

Wegen der modularen Bauweise werden sie in unterschiedlichen Längen und Ausstattungen angeboten. Allen gemeinsam ist der Niederflurbereich in der Mitte und der höhere Fußboden über den angetriebenen Enddrehgestellen. Breite Doppelschiebetüren und Schiebetritte ermöglichen einen schnellen Fahrgastwechsel. Die Fahrgasträume sind voll klimatisiert und besitzen je nach Zuglänge unterschiedlich viele Toiletten. Dabei ist eine Toilette behindertengerecht ausgeführt. Den Fahrgästen stehen Doppelsitze zur Verfügung. Über ein Fahrgastinformationssystem werden die Reisenden über Haltestellen und andere Details unterrichtet.

DB Regio hat bisher zwei Ausführungen der FLIRT EMU bestellt: So gingen 14 vierteilige Züge mit 225 Sitzplätzen als Baureihe 1428 an DB Regio NRW. Die verkehrsroten Züge sind in Münster zu Hause und seit Dezember 2014 auf der Strecke zwischen Münster, Essen und Mönchengladbach unterwegs. 28 Exemplare der fünfteiligen Version sind seit

In üblichem DB-Rot steht 1428 007 am 10. April 2015 abfahrbereit in Essen Hbf. Die Züge sind auf der Regionalbahnlinie RE 42 zwischen Münster, Essen und Mönchengladbach unterwegs.

TECHNISCHE DATEN (1429)
Länge über Kupplung: 90.800 mm
Radsatzfolge: Bo'2'2'2'2'Bo'
Achsstand im Drehgestell: Enddrehgestelle 2.500 mm Jakobsdrehgest. 2.700 mm
Dienstmasse: (Zug) 156 t
Höchstgeschwindigkeit: 160 km/h
Leistung: 4 x 500 = 2.000 kW
Motorbauart Drehstrom-Asynchronmotor
Stromsystem: 15 kV~; 16,7 Hz
Indienststellung: 2014–2015

Die Nordwestbahn (NWB) hat seit 2016 fünfteilige Züge der Baureihe 1429 im Bestand. Die Fahrzeuge gehören der Transdev Regio (Bremen Hbf, 6. Juni 2017).

Außer den dreiteiligen Zügen der Baureihe 1427 (Seite 42 oben) hat die BOB auch 28 sechsteilige Züge der Baureihe 1430 im Bestand (1430 509, München Hbf, 10. März 2016).

Dezember 2014 auf den RegionalExpress-Linien R 1, R 2, R 4, R 11 und R 14 in Rheinland-Pfalz stündlich bzw. zweistündlich unterwegs. Diese als Baureihe 1429 bezeichneten Wagen mit 270 Sitzplätzen erhielten abweichend von der Standard-Farbgebung eine weiße Lackierung mit roten und dunkelgrauen Dreiecken.

Auch mehrere private Eisenbahnunternehmen haben Züge dieses Typs im Bestand. So bestellte Veolia 2011 sieben dreiteilige und 28 sechsteilige Züge für das E-Netz Rosenheim. Seit Dezember 2013 sind die Züge als „Meridian“ zwischen München, Rosenheim, Salzburg und Kufstein unterwegs. Die Züge sind bei der Bayerischen Oberlandbahn (BOB) eingestellt. Im August 2014 übernahm Alpha Trains die Züge und vermietete sie an den Betreiber.

Im Dezember 2014 übernahm die Nordbahn Eisenbahngesellschaft den Betrieb auf dem Regionalnetz Mitte in Schleswig-Holstein. Sie beschaffte dafür sieben fünf- und acht sechsteilige Züge. Die grünen Fahrzeuge gehören der Benex GmbH und werden auf den Strecken RB 61 von Hamburg über Elmshorn nach Itzehoe und auf der RB 71 nach Wrist (–Kellinghusen) eingesetzt.

Die WestfalenBahn setzt seit Dezember 2015 fünfzehn vierteilige FLIRT auf der Emslandlinie zwischen Münster, Rheine und Emden ein. Die Züge gehören Alpha Trains und sind nur angemietet.

Auf den Mittelwagen 1828^{0} ist der Stromabnehmer montiert. Außerdem ist hier die behindertengerechte Toilette untergebracht (1828 001, Essen Hbf, 19. April 2015).

Außer den FLIRT-Zügen der ersten Generation hat die WestfalenBahn inzwischen auch die neueren bei Stadler Pankow in Berlin gebauten Fahrzeuge im Bestand (1428 111, Rheine, 28. September 2015).

Im Juni 2013 bestellte Abellio 13 Einsystem- und sieben Mehrsystemzüge für 15 kV/16,7 Hz; 25 kV/50 Hz und 1,5 kV Gleichspannung. Sie sind seit 2016 im Niederrhein-Netz zwischen Düsseldorf und Arnhem sowie zwischen Wesel und Mönchengladbach unterwegs. Für den grenzüberschreitenden Einsatz werden sie zusätzlich mit den Zugsicherungseinrichtungen ETCS Level 2 sowie ATB ausgestattet.

Die S-Bahn-Linien S 2, S 3, S 9 und S 28 der S-Bahn Rhein-Ruhr, sowie die RegionalBahn-Linien RB 32, RB 40 und RE 49 sollen ab Dezember 2019 ebenfalls mit den neuen Zügen ausgestattet werden. Dazu wurden 41 Triebwagen des Typs FLIRT 3 XL für den Verkehrsverbund Rhein-Ruhr bestellt. Sie werden an Abellio Rail NRW vermietet, der für den Betrieb verantwortlich zeichnet.

Für den Betrieb der Lose 2 (Remstal/Fils) und 3 (Franken/Enz) der Stuttgarter Netze bestellte die Go-Ahead Verkehrsgesellschaft Deutschland insgesamt 45 Züge, davon elf dreiteilige und 15 fünfteilige für das Los 2 und neun vierteilige und zehn sechsteilige für das Los 3. Sie werden in den neuen Farben für Baden-Württemberg geliefert und bekommen einen weißen Wagenkasten mit gelben und schwarzen Zierelementen.

Ende Mai 2017 erhielt die eurobahn den ersten von neun Triebzügen für den Verkehr auf der Strecke Bielefeld–Bad Bentheim–Hengelo. Die türkis/grauen Züge sind mehrsystemfähig.

Die Benex GmbH hat für die Strecken zwischen Hamburg, Itzehoe und Wrist (–Kellinghusen) sieben fünfteilige und acht sechsteilige Züge in Dienst gestellt. Der Betrieb wird von der Nordbahn Eisenbahngesellschaft (NBE) durchgeführt. Die Aufnahme zeigt den 1429 505 am 29. Juni 2015 in Hamburg-Altona.

BAUREIHE 430

Die neueste S-Bahn-Baureihe

Die Triebwagen der Baureihe 430 sind zur Zeit die neuesten S-Bahn-Triebwagen von Bombardier und Alstom. Sie sind in Stuttgart und Frankfurt (Main) zu Hause.

Um die Anfang der 1970er-Jahre gebauten S-Bahn-Triebwagen der Baureihe 420 endgültig ersetzen zu können, beschafft die DB seit 2013 die neuen Triebwagen der Baureihe 430. Sie basieren auf den S-Bahn-Triebwagen der Baureihe 423 und unterscheiden sich besonders beim Aufbau und der Form der Köpfe von den Vorgängern. Die Züge werden von Alstom in Salzgitter und Bombardier in Aachen gefertigt. Sie sind für die S-Bahn-Netze im Raum Stuttgart und Frankfurt (Main) vorgesehen.

Die Triebwagen laufen auf zwei Enddrehgestellen und drei Jakobsdrehgestellen, über die die einzelnen Segmente verbunden sind. Luftfedern zwischen den Drehgestellen und den Wagenkästen sorgen für einen ruhigen Lauf. Die beiden Enddrehgestelle und die beiden äußeren Jakobsdrehgestelle sind angetrieben und mit Bremsen bestückt. Das mittlere Drehgestell ist ein reines Laufgestell.

Wie die anderen S-Bahn-Baureihen auch haben die 430 zwölf Doppelschiebetüren auf jeder Seite. Somit ist ein schneller Fahrgastwechsel sichergestellt (431 143, Hanau, 9. April 2015).

Durch die längeren Crash-Elemente in den Stirnfronten musste in den Zügen zwei Mal je ein halbes Abteil entfallen (430 550, Stuttgart-Bad Cannstatt, 20. Februar 2015).

In den neu gestalteten Köpfen sind Stoßverzehrelemente eingebaut, die der neuesten EU-Sicherheitsnorm zu technischen Spezifikationen für die Interoperabilität (TSI) entsprechen.

Zur Überbrückung des Abstands zwischen Zug und Bahnsteigkante wurden die Züge mit ausfahrbaren Trittstufen geliefert. Allerdings gab es technische Probleme, die die Inbetriebnahme lange verhinderten. Erst nachdem die Tritte festgelegt waren, erhielten die Züge eine Zulassung für den Planeinsatz. Die Türen haben eine neue Drucktastensteuerung und ein ebenfalls neues akustisches Warnsignal. Aus optischen Gründen sind die Dachaufbauten mit einer durchgehenden Blende verkleidet, was den Zügen ein elegantes Aussehen verleiht.

Der Innenraum entspricht bis auf Detailänderungen demjenigen der Baureihe 423. So haben die Triebwagen jetzt bequemere Sitze mit lederbezogenen Kopfpolstern. Für die Innenbeleuchtung wählte man LEDs, die blendfrei in einem Leuchtenband montiert sind. Zusätzlich ist im Fußraum der Türen eine Bodenbeleuchtung vorhanden. Eine Videoüberwachungsanlage und Sprechstellen neben den Türen sollen die Sicherheit in den Zügen erhöhen.

Acht Drehstrom-Asynchronmotoren mit zweistufigem Getriebe liefern den Vortrieb. Das Leitsystem gehört zum Typ MITRAC.

In Stuttgart sind die Züge 430 001 bis 430 097 inzwischen auf den Linien S 1, S 2 und S 3 planmäßig unterwegs. Im Raum Frankfurt (Main) laufen die Züge 430 100 bis 430 190 im Plandienst. Sie fahren dort auf den Linien S 1, S 7, S 8 und S 9. Geplante Einsätze im Raum Köln und Rhein-Ruhr kamen nicht zustande.

TECHNISCHE DATEN

Länge über Kupplung: 68.300 mm

Radsatzfolge: Bo'Bo'2'Bo'Bo'

Achsstand im Drehgestell: Enddrehgestelle 2.200 mm Jakobsdrehgest. 2.700 mm

Dienstmasse: (Zug) 139 t

Höchstgeschwindigkeit: 140 km/h

Stundenleistung: 2.350 kW

Motorbauart: Drehstrom-Asynchronmotor

Stromsystem: 15 kV~; 16,7 Hz

Indienststellung: 2014 – 2017

Ein aus drei Triebwagen gebildeter Langzug der S-Bahn Rhein-Main mit 430 643 an der Spitze steht am 9. April 2015 in Hanau.

BAUREIHE 440, 1440

Der „Lirex Continental"

Die Triebwagen der Baureihe 440 wurden drei- bis fünfteilig ausgeliefert, zudem gibt es unterschiedlich lange Endwagen (440 532, München Heimeranplatz, 25. Juni 2012).

TECHNISCHE DATEN (440)

- Länge über Kupplung
Zug (dreiteilig) 54.500 mm
Zug (vierteilig) 70.900 mm
Zug (fünfteilig) 87.350 mm
Endwagen 15.500 mm
Mittelwagen 16.400 mm
- Radsatzfolge: (fünfteilig)
Bo'Bo'2'2'Bo'Bo'
- Achsstand im Drehgestell:
Enddrehgestelle 2.400 mm
Jakobsdrehgest. 2.700 mm
- Dienstmasse: (vierteilig)
136,5 t
- Höchstgeschwindigkeit:
160 km/h
- Leistung: (fünfteilig)
8 x 250 kW
- Stromsystem: 15 kV~/16,7 Hz
- Indienststellung: seit 2008

Bereits im Jahr 2000 präsentierte Alstom den dieselelektrischen Triebwagen der Baureihe 618 als erstes Versuchsfahrzeug der neuen Plattform des Coradia LIREX (Leichter, Innovativer RegionalEXpress). Das Fahrzeug diente in erster Linie als Anschauungsobjekt. Es hatte bewegliche Einzelachsfahrwerke und war mit unterschiedlichen Innendesigns eingerichtet. Der Triebwagen wurde auf zahlreichen Messen und Ausstellungen gezeigt und war sogar kurze Zeit im Planeinsatz.

Aus dem Versuchsfahrzeug entstanden die elektrischen Triebwagen der Baureihe 440 in unterschiedlichen Ausführungen.

- 440^0: vierteilig, kurze Endwagen, acht Fahrmotoren
- 440^1: vierteilig, lange Endwagen, acht Fahrmotoren
- 440^2: fünfteilig, kurze Endwagen, acht Fahrmotoren
- 440^3: dreiteilig, kurze oder lange Endwagen, sechs Fahrmotoren
- 440^4: dreiteilig, lange Endwagen, acht Fahrmotoren

Die Triebzüge laufen auf angetriebenen oder antriebslosen Jakobsdrehgestellen und angetriebenen Drehgestellen an den Zugenden. Alle Drehgestelle sind luftgefedert und haben Radscheibenbremsen. Die Enddrehgestelle sind zusätzlich mit Magnetschienenbremsen ausgestattet.

Außer DB Regio haben mehrere private EVU, darunter die Nordwestbahn, Triebwagen der Baureihe 440 im Bestand.

Die Unterbaureihe 440^2 hat drei Mittelwagen, acht Fahrmotoren und kurze Endwagen mit nur einer Tür pro Seite. DB Regio hat nur sechs Züge in dieser Ausführung im Bestand. Alle sind in München beheimatet und als „Fugger-Express" unterwegs.

Das Konzept der Baureihe 440 basiert auf vier Grundtypen, die je nach Bedarf miteinander kombiniert werden können. Als A-Wagen bietet der Hersteller einen Endwagen mit je einem Trieb- und Laufdrehgestell oder mit zwei Laufdrehgestellen an. Auf dem Dach tragen diese Wagen das Führerstands-Klimagerät, den Transformator und ein Klimagerät für den Fahrgastraum. Mittelwagen ohne Drehgestelle werden als B-Wagen angeboten. Der C-Wagen ist ein Mittelwagen mit einem Mittellaufdrehgestell. Er trägt den Stromabnehmer und die Hochspannungsausrüstung sowie die Druckluftanlage und einen Transformator. Der D-Wagen läuft auf zwei Mitteldrehgestellen. Auch dieser Mittelwagen ist mit einer Hochspannungsanlage und einem Stromabnehmer ausgestattet.

Viele Komponenten des Antriebssystems sind auf dem Fahrzeugdach angeordnet. Dazu zählen das Hochspannungsgerüst, der Haupttransformator, der Antriebsstromrichter und die Hilfsbetriebeumrichter. Antriebsmotoren sind an allen Achsen der Endfahrwerke sowie in den Achsen zweier Mittelfahrwerke zu finden. Sie können entweder von oben montiert werden, wenn das Drehgestell ausgebaut ist, oder von unten, wenn sich das Drehgestell unter dem Zug befindet.

Die Leittechnik arbeitet mit einem Wired Train Bus (WTB), an den über ein Gateway der Multifunction Vehicle Bus (MVB) angeschlossen ist. Ein Steuergerät überwacht und regelt alle Systeme und Funktionen.

Die Sitze wurden sowohl in Reihe als auch vis-à-vis montiert. Die offenen Abteile mit vier Sitzplätzen haben Tische unter den Fenstern. Je nach Ausführung haben die Züge eine unterschiedliche Anzahl an geschlossenen Toilettensystemen und an Mehrzweckräumen mit Klappsit-

Agilis setzt seine 440 auf dem „Regensburger Stern" und entlang der Donau von Passau bis Ulm ein. Am 10. April 2015 verlässt der dreiteilige 440 401 Ulm Hbf.

DB Regio setzt seine Triebwagen der Baureihe 1440 nur in Nordrhein-Westfalen ein. Hier sind sie auf den S-Bahn-Linien S 5 und S 8 sowie auf den Regional-Linien RE 8 und RB 33 unterwegs.

zen. In den Mehrzweckräumen kann zwischen einer Winter- und einer Sommerbestuhlung gewechselt werden.

Im März 2006 stellte Alstom den neuen Zug der Öffentlichkeit vor und im Sommer 2006 bestellte DB Regio 76 Triebzüge in drei unterschiedlichen Ausführungen. Sie waren für die Großräume Augsburg, Würzburg, Nürnberg und die Verbindung München–Passau vorgesehen.

Für das Augsburger Netz – den „Fugger-Express" – beschaffte die DB vierteilige 440^0. Die Fahrzeuge sind in München beheimatet und zwischen München, Augsburg und Ulm (Bayerische Maximiliansbahn) und sowie zwischen München, Augsburg, Donauwörth und Treuchtlingen unterwegs. Außerdem gehört die Strecke zwischen München, Augsburg, Donauwörth und Aalen (Riesbahn) zum Einsatzgebiet des „Fugger-Express". Für den Würzburger Raum hat DB Regio fünf vierteilige 440^0 und 23 dreiteilige 440^3 vorgesehen. Die Züge fahren nach Nürnberg, Bamberg, Treuchtlingen und Schlüchtern. Für den „Donau-Isar-Express" wurden sechs fünfteilige und sechs vierteilige Züge beschafft, die seit Dezember 2009 auf der Strecke zwischen München und Passau fahren.

Als erstes privates Unternehmen beschaffte die Nordwestbahn Züge der Baureihe 440. Für die Regio-S-Bahn Bremen/Niedersachsen stellte sie

Die silberfarbenen Triebwagen gehören zum Verkehrsverbund Mittelsachsen und sind zwischen Hof, Dresden und Elsterwerda unterwegs (Dresden, 16. März 2017).

Die Triebwagen erreichen eine Höchstgeschwindigkeit von 160 km/h. Als S-Bahn nach Hagen Hbf steht 1440 302 am 10. April 2015 in Wuppertal-Unterbarmen.

18 drei- und 17 fünfteilige Züge in Dienst. Seit Dezember 2010 fahren die blau, weiß, gelb und grau lackierten Züge unter anderem zwischen Bremen, Bad Zwischenahn, Bremerhaven und Twistringen.

Die Agilis GmbH ist bisher das einzige Unternehmen, das Züge der Unterbauarten 440[1] und 440[4] mit langen Endwagen in Betrieb genommen hat. Die 18 dreiteiligen und acht vierteiligen, grau und hellgrün lackierten Züge fahren im „Regensburger Stern" auf den Strecken Neumarkt (Oberpfalz)–Regensburg–Plattling und Ingolstadt–Regensburg–Landshut.

DB Regio beschloss, die Triebwagen auch in Nordrhein-Westfalen einzusetzen und bestellte im Frühjahr 2010 insgesamt 28 dreiteilige Einheiten. Anfang 2014 waren die ersten Züge der Baureihe 1440 mit neuen Crash-Elementen und dem anderen Frontdesign zu Testfahrten unterwegs. Im Oktober 2014 bekamen sie ihre Zulassung vom EBA. Die Bahn begann sofort mit dem Probeeinsatz auf der S 68 zwischen Wuppertal und Langenfeld. Ab Oktober 2014 waren die ersten Fahrzeuge im planmäßigen Verkehr auf der Linie S 68 eingesetzt, bevor sie zum Fahrplanwechsel 2014/15 auf die Linien S 5 und S 8 kamen.

Im Dezember 2012 bestellte der Zweckverband Großraum Braunschweig für das Elektro-Netz Niedersachsen-Ost (ENNO) zwanzig vierteilige Züge, mit einer Option auf weitere 13 Exemplare. 2015 übernahm Metronom für zehn Jahre den Betrieb der Fahrzeuge.

Im April 2014 bestellte der Verkehrsverbund Mittelsachsen 13 drei- und 16 fünfteilige Züge. Die siberfarbenen Fahrzeuge sind seit Juni 2016 im Elektro-Netz Mittelsachsen zwischen Dresden, Hof und Elsterwerda unterwegs.

TECHNISCHE DATEN (1440)
Länge über Kupplung: Zug (dreiteilig) 56.900 mm Zug (vierteilig) 73.300 mm Zug (fünfteilig) 89.750 mm Endwagen 20.250 mm Mittelwagen 16.400 mm
Radsatzfolge: (fünfteilig) Bo'Bo'2'2'Bo'Bo'
Achsstand im Drehgestell: Enddrehgestelle 2.400 mm Jakobsdrehgest. 2.700 mm
Höchstgeschwindigkeit: 160 km/h
Leistung: 2.900 kW
Stromsystem: 15 kV~/16,7 Hz
Indienststellung: seit 2015

Die „Enno"-Triebwagen haben jeweils nur vier Doppeltüren auf jeder Seite. In einem Endwagen gibt es ein 1.-Klasse-Abteil. Ein Mittelwagen bietet ein Mehrzweckabteil mit barrierefreier Toilette, der andere ein Fahrradabteil.

BAUREIHE 442, 1442, 2442, 3442

Die „Hamsterbacken“

Die kleinsten Einheiten der Baureihe 442 sind die elf Zweiteiler der Unterbaureihe 442^0. Sie sind in Trier, Cottbus und München beheimatet (442 001, Koblenz Hbf, 2. Juli 2015).

TECHNISCHE DATEN

Länge über Kupplung:
Zug (zweiteilig) 40.100 mm
Zug (dreiteilig) 56.200 mm
Zug (vierteilig) 72.300 mm
Zug (fünfteilig) 88.400 mm
Zug (sechsteilig) 104.500 mm

Radsatzfolge:
zweiteilig Bo'2'Bo'
dreiteilig Bo'2'2'Bo'
vierteilig Bo'2'Bo'2'Bo' oder Bo'2'2'2'Bo'
fünfteilig Bo'2'Bo'2'2'Bo'
sechsteilig Bo'2'Bo'2'Bo'2'Bo'

Dienstmasse:
zweiteilig 57 t
dreiteilig 114 t
vierteilig 161 t
fünfteilig 189 t

Maximale Radsatzlast: 18 t

Höchstgeschwindigkeit: 160 km/h

Stundenleistung:
zwei-/dreiteilig 2.020 kW
vier-/fünfteilig 3.030 kW
sechsteilig 4.040 kW

Stromsystem: 5 kV~/16,7 Hz

Indienststellung: seit 2008

Mit den „Talent 2“ bietet Bombardier Transportation einen modular aufgebauten elektrischen Triebwagen für den Regionalverkehr an. Der Name ist ein Akronym und steht für: Talbot leichter Nahverkehrs-Triebwagen. Der Zug wird in zwei- bis sechsteiligen Ausführungen mit unterschiedlichen Innenausstattungen und Motorisierungen geliefert. Die Fahrzeuge laufen auf zweiachsigen Drehgestellen vom Typ „Flexcompact“ mit Schrauben- und Gummi-Konusfedern. Bei den zwei- und dreiteiligen Wagen sind nur die beiden äußeren Drehgestelle angetrieben. Die Vier- und Fünfteiler besitzen zusätzlich ein angetriebenes Mitteldrehgestell. Alle Mitteldrehgestelle sind Jakobsdrehgestelle, auf die sich je zwei Wagenkästen abstützen.

Die Kästen sind in Stahlleichtbauweise gefertigt. In den Kopfbereichen – die aus glasfaserverstärktem Kunststoff bestehen – sind Stoßverzehrelemente eingebaut, die den Triebwagen ein recht kompaktes Aussehen verleihen. Um auch eine Variante mit Neigetechnik anbieten zu können, sind die Seitenwände oben und unten nach innen gewölbt. Dadurch müssen aber die Abstände zwischen Zug und Bahnsteigkante mit Tritten überbrückt werden.

Der fünfteilige 442 813 ist für Abellio unterwegs und steht am 12. März 2016 abfahrbereit in Leipzig Hbf.

Die Triebwagen im Verkehrsverbund Oberelbe (VVO) fallen durch den zusätzlichen hellen Streifen an den Enden der Züge auf. 442 149 ist am 16. Dezember 2013 bei Dresden-Stetzsch unterwegs.

Außer an den Enden der Züge ist der Innenraum niederflurig ausgeführt, dazu musste ein Großteil der elektrischen Ausrüstung auf dem Dach angeordnet werden. Die Großräume sind mit offenen Abteilen eingerichtet, die Mehrzweckräume haben Klappsitze an den Seitenwänden. Während die Versionen für den Regionalverkehr mit nur einer Doppelschiebetür pro Seite und Mittelsegment auskommen, sind in den für den S-Bahn-Einsatz vorgesehen Wagen dort zwei Türen vorhanden. Die Kopfteile haben jeweils nur eine Tür im Hochflurbereich.

Eine Mehrfachsteuerung erlaubt das Kuppeln mehrerer Fahrzeuge, auch aus unterschiedlichen Unterbaureihen. Dazu haben die Wagen automatische Mittelpufferkupplungen der Bauart Scharfenberg.

Stromabnehmer, Transformator, Batterien und Stromrichter sind über dem Niederflurteil der Züge im Dachbereich montiert. Der Rest der elektrischen Einrichtung ist unterflur verstaut.

DB Regio hat die Triebwagen in vier unterschiedlichen Ausführungen in ihrem Bestand.

Von den zweiteiligen Fahrzeugen der Baureihe 442^0 gibt es bei DB Regio nur elf Exemplare. Die Wagen 442 001 bis 442 005 sind in Trier zu Hause. 442 006 bis 442 008 werden von Cottbus aus eingesetzt und die süddeutschen 442 009 bis 442 011 sind in München-Pasing beheimatet. Die Cottbuser Züge sind auf der Linie RE 10 zwischen Leipzig und Cottbus zu finden. Die dreiteiligen Wagen der Unterbauart 442^1 werden von

National Express setzt seine fünfteiligen Wagen auch zusammen mit kürzeren Ausführungen im Verband ein. So steht 442 375 mit einem dreiteiligen Wagen am 29. Dezember 2015 in Köln-Deutz.

Die Fahrzeuge von DB Regio Bayern werden als Baureihe 2442 in den Bestandslisten geführt. Als RegionalBahn nach Weilheim startet 2442 227 am 16. Oktober 2014 in München.

Aachen, Berlin-Lichtenberg, Cottbus, Dresden, Frankfurt (Main) und Nürnberg aus eingesetzt.

Die vierteiligen Züge 442^2 werden in Aachen, Cottbus, Frankfurt (Main), Nürnberg, und Trier betreut. Die fünfteilige und damit größte Ausführung ist als 442^3 in Aachen, Berlin-Lichtenberg, Dresden, Nürnberg und Rostock zu Hause.

Die Zweiteiler aus Trier fahren zusammen mit Vierteilern des gleichen Werks entlang der Mosel bis nach Koblenz. Die Nürnberger Triebwagen sind als Franken-Thüringen Express (FTX) zwischen Nürnberg, Bamberg und Würzburg, sowie auf der Frankenwaldbahn und der Werrabahn unterwegs. Im Raum Rostock werden die S-Bahn-Linien S 1, S 2, S 3 und die Linien RB 17, RB 18 mit 442 bedient. Teilweise sind sie auch auf den Linien RE 1 und RB 12 zu finden.

Die S-Bahn-Mitteldeutschland hat 36 Dreiteiler und 15 Vierteiler im Bestand. Sie setzt ihre silberfarbenen und in Halle beheimateten Triebwagen als Baureihe 1442 im Großraum Leipzig als S-Bahn ein. Dabei werden unter anderem Dessau, Halle und Zwickau angefahren. Seit 2016 wird der Bestand um 19 dreiteilige und zehn vierteilige Züge aufgestockt, um so langfristig alle Linien mit der Baureihe 1442 bedienen zu können.

Neueste Ausführung bei DB Regio sind die Triebwagen der Baureihe 3442 für den Einsatz in Baden-Württemberg. Im Probebetrieb hat 3442 211 am 26. Oktober 2017 Böblingen erreicht.

Sämtliche vierteilige Triebwagen der Baureihe 2442 sind in München zu Hause. Sie werden zusammen mit den 442 009 bis 442 011 im Werdenfelser-Netz südlich von München eingesetzt. Dabei kommen sie unter anderem über die Karwendelbahn bis Oberammergau und über die Außerfernbahn ins österreichische Reutte (Tirol) und nach Innsbruck.

Neueste Version bei DB Regio sind die vierteiligen, in den Farben für Baden-Württemberg lackierten Triebwagen der Baureihe 3442. Sie haben im Dezember 2017 den Regionalverkehr auf der Gäu- und der Murrbahn übernommen.

Außer DB Regio hatten 2017 noch drei private Unternehmen die hier vorgestellten Triebwagen im Bestand. Die Südwestdeutsche Verkehrs-Aktiengesellschaft (SWEG) bestellte zwar schon im Oktober 2011 Talent-2-Züge für die Münstertalbahn, jedoch verzögerten Zulassungsprobleme den Einsatzbeginn bis September 2013.

Abellio Rail hat das Netz Saale-Thüringen-Südharz gewonnen und setzt seit Dezember 2015 20 dreiteilige und 15 fünfteilige Züge ein. Bemerkenswert ist der „Lounge-Bereich" an einem Wagenende mit sofaähnlichen Sitzbänken und Tischen. Außerdem sind Fahrkartenautomaten in den Zügen aufgestellt. Im Sommer 2016 bestellte Abellio 24 dreiteilige und 19 fünfteilige Züge für den Einsatz in Baden-Württemberg ab 2019.

National Express bedient seit Dezember 2015 die Linien RE 7 „Rhein-Münsterland-Express" und RB 48 „Rhein-Wupper-Bahn" in Nordrhein-Westfalen mit ihren drei- und fünfteiligen Zügen.

Im Südwesten Deutschlands ist die SWEG mit ihren beiden Triebwagen der Baureihe 1442 (ET 150 und ET 151) auf der Münstertalbahn zwischen Bad Krozingen und Münstertal (Schwarzwald) unterwegs.

Bei der S-Bahn-Leipzig sind die silberfarbigen 1442 unterwegs. Dazu gehört auch der dreiteilige 1442 635, der am 16. Juni 2015 in Leipzig-Thekla einen Zwischenhalt einlegt.

Der „KISS“ von Stadler

Die Ostdeutsche Eisenbahn (ODEG) hat sich für eine vierteilige Ausführung der Doppelstock-Triebzüge entschieden und setzt ihre 16 Züge auch auf der RE 2 von Cottbus nach Wismar ein (445 100, Schwerin, 11. Mai 2015).

TECHNISCHE DATEN (445)
Länge über Kupplung: (vierteilig) 105.220 mm (sechsteilig) 156.450 mm
Radsatzfolge: vierteilig 2'Bo'+2'2'+2'2'+Bo'2' sechsteilig 2'Bo'+2'2'+2'2'+ Bo'2'+2'2'+Bo'2'
Achsstand im Drehgestell: 2.500 mm
Dienstmasse: (Zug) vierteilig 205,8 t
Höchstgeschwindigkeit: 160 km/h
Dauerleistung: vierteilig 2.000 kW sechsteilig 3.000 kW
Stromsystem: 15 kV~/16,7 Hz
Indienststellung: 2012–2015

Außer einstöckigen Zügen bot Stadler Pankow mit dem „KISS“ auch einen doppelstöckigen Triebwagen an. Er wurde aus der Version für die Schweiz abgeleitet und musste in das Lichtraumprofil G2 passen, um auf dem Netz der DB Netz uneingeschränkt eingesetzt werden zu können. Die Wagen wurden dadurch oben etwas schmaler, konnten aber etwas länger und um 35 Millimeter höher ausgeführt werden. Um den neuen Crash-Anforderungen zu genügen, wurden neue Köpfe mit einem abweichenden Design entwickelt.

Die Stromabnehmer sind nun auf den Mittelwagen montiert. In den Endwagen sind nur die Drehgestelle an den Wagenübergängen angetrieben. Bei den sechsteiligen Zügen der WestfalenBahn wird zusätzlich noch ein Mittelwagen angetrieben.

Blick in den Innenraum der ODEG-Züge. Hier sind außer einem Mehrzweckbereich mit Klappsitzen auch feste Doppelsitze mit Kopfpolstern und Armlehnen eingebaut.

Die 13 Züge der WestfalenBahn sind sechsteilig. Hier ist zusätzlich ein Mittelwagen angetrieben. ET 609 und ET 606 stehen am 14. Mai 2016 in Braunschweig für neue Einsätze bereit.

Die Ostdeutsche Eisenbahn (ODEG) hat 16 vierteilige Züge im Bestand, die unter anderem auf der RegionalBahn-Linie RE 2 zwischen Cottbus und Wismar eingesetzt werden.

Die Wagen sind folgendermaßen eingerichtet:

445^{1} (A-Wagen): 2. Klasse, Mehrzweckraum, WC, Hauptschalter, Antriebsmodul mit Trafo, Stromrichter

446^{1} (C-Wagen): 2. Klasse, Mehrzweckraum, behindertengerechtes WC, Stromabnehmer

446^{6} (D-Wagen): 2. Klasse, Mehrzweckraum, Stromabnehmer

445^{6} (B-Wagen): 1. Klasse (oben), 2. Klasse, Mehrzweckraum, WC, Hauptschalter, Antriebsmodul mit Trafo, Stromrichter.

Im Februar 2012 war der erste Zug einsatzbereit und kam für Testfahrten zum Eisenbahnversuchsring Velim. Die ersten vier Züge bekamen dann im Dezember 2012 die Zulassung vom Eisenbahn-Bundesamt und ab Anfang 2013 wurden sie im Plandienst eingesetzt und lösten die Ersatzzüge auf den Linien RE 2 und RE 4 ab.

Als zweiter Eisenbahnbetrieb in Deutschland hat die WestfalenBahn KISS-Züge im Bestand. Sie setzt die 13 sechsteiligen Züge seit Dezember 2013 von Braunschweig aus nach Hannover, Minden, Rheine und Bielefeld ein. Die Züge sind von Alpha Trains angemietet. Das hohe Gewicht der Sechsteiler machte einen angetriebenen Mittelwagen notwendig. Die Züge sind 156 Meter lang und haben je 627 Sitzplätze. Nach dem Start gab es einige Probleme mit den Zügen, so kam es zu ungewollten Schnellbremsungen und Fehlern bei der Klimaanlage.

Auf den nicht angetriebenen Mittelwagen der Baureihe 446 sind die Stromabnehmer der Züge montiert.

BAUREIHE 445, 446

Der „Twindexx" von Bombardier

Die fünf Züge für den Verbund Berlin-Brandenburg (VBB) fallen durch ihren zusätzlichen Streifen unter den Fenstern an den Wagenenden auf (Fulda, 20. Januar 2017).

TECHNISCHE DATEN
Länge über Kupplung: Triebkopf 25.975 mm Steuerwagen 27.575 mm Mittelwagen 26.800 mm
Radsatzfolge: Triebkopf Bo'Bo' Mittelwagen 2'2'
Achsstand im Drehgestell: 2.500 mm
Gesamter Achsstand
Dienstmasse: 66 t
Stromsystem: 15 kV~/ 16,7 Hz
Nennleistung: 4 x 575 = 2.300 kW pro Kopf
Höchstgeschwindigkeit: 160, 189, 230 km/h
Indienststellung: seit 2013

Neben den Doppelstock-Reisezugwagen hat Bombardier unter dem Markennamen TWINDEXX auch Triebköpfe im Angebot, aus denen zusammen mit nicht angetriebenen Wagen Triebzüge zusammengestellt werden können. Bei Bedarf kann statt eines zweiten Triebkopfs ein antriebsloser Steuerwagen beigestellt werden. Die Nahverkehrsausführung ist entweder 160 km/h oder 189 km/h schnell. Für den Einsatz im Fernverkehr wird eine Ausführung mit einer Höchstgeschwindigkeit von 230 km/h angeboten. Alle Züge sind voll klimatisiert und haben ein mehrsprachiges, dynamisches Fahrgastinformationssystem, außerdem sind sind sie mit einem Fahrgastzählsystem und einer Videoüberwachungsanlage ausgestattet. Die Baureihe 445 ist für den Einsatz an Bahnsteigen mit einer Höhe von 550 mm über SO vorgesehen, die Baureihe 446 für eine Bahnsteighöhe von 760 mm.

An den Rückseiten haben die Triebköpfe normale Schraubenkupplungen und Übergänge, sodass Mittelwagen schnell ein- und ausgereiht werden können.

Inzwischen sind die neuen Doppelstockzüge auch zwischen München, Ingolstadt und Nürnberg unterwegs. Am 12. April 2018 verlässt 445 076 als sechsteiliger Zug München Hbf.

Für den Einsatz im Verkehrsverbund Berlin-Brandenburg hat DB Regio fünf fünfteilige Züge bestellt, die im Dezember 2014 in Betrieb gehen sollten. Verzögerungen bei der Zulassung führten aber zur Verschiebung der Inbetriebnahme, sodass die Züge erst 2018 an den Start gehen werden.

Im Nahverkehrsverbund Schleswig-Holstein sind 16 Triebzüge zwischen Hamburg und Kiel bzw. Flensburg unterwegs. Vier vierteilige Züge mit zwei Triebköpfen und zwei Mittelwagen werden im Gegensatz zu den sonst verkehrsrot lackierten Fahrzeugen die grünen Farben des „NAH.SH" bekommen. Während für die Triebköpfe Tiefeinstiege vorgesehen sind, werden die Mittelwagen Hocheinstiege aufweisen. Die Züge bieten 315 Reisenden in der 2. Klasse sowie 35 in der 1. Klasse einen Sitzplatz. Außerdem gibt es zwei Mehrzweckräume und zwei Rollstuhlstellplätze.

Anfang 2013 hat die DB Regio Franken den Betrieb auf dem Main-Spessart-Netz (Frankfurt (Main)–Würzburg–Bamberg) gewonnen. Ab Dezember 2017 bedient sie Verbindungen mit zwölf vierteiligen TWINDEXX-Triebzügen.

DB Regio Oberbayern setzt drei vierteilige und 15 sechsteilige Triebzüge zwischen Augsburg, Nürnberg und München ein.

Auch im Main/Spessart-Netz sind seit Ende 2017 Doppelstock-Triebzüge unterwegs. Die Bahn hatte dafür sieben drei- und 17 vierteilige Züge mit unterschiedlicher Ausstattung geordert.

Die Triebzüge für den Nahverkehrsverbund Schleswig-Holstein bekommen abweichend von den anderen Zügen einen Anstrich in zwei unterschiedlichen Grüntönen. 445 017 wurde am 7. Dezember 2017 auf einer Probefahrt bei Saxdorf in Sachsen aufgenommen.

BAUREIHE 450

Straßenbahn bei der DB

Zunächst wurde nur die GT8-100C/2S der DB als Baureihe 450 bezeichnet. Im nationalen Fahrzeugregister (NVR) werden auch die anderen Karlsruher Stadtbahntypen als Baureihe 450 geführt.

Bei der Albtal-Verkehrs-Gesellschaft (AVG) wurden Stadtbahnfahrzeuge konzipiert, die auf Straßenbahn- und Eisenbahnstrecken eingesetzt werden können. Bei den GT8-100C/2S handelt es sich um Zweirichtungs-Gelenkwagen für den Zweisystem-Betrieb. Vier dieser Fahrzeuge, die im Großraum Karlsruhe eingesetzt werden, gehören der DB, die übrigen der Albtal-Verkehrsgesellschaft (AVG) oder den Verkehrsbetrieben Karlsruhe (VBK). Lieferanten waren DUEWAG und ABB. Die Wagen tragen die Nummern 801 bis 836.

Als Nachfolger bestellte die AVG 86 Wagen vom Typ GT8-100D/2S-M bei Bombardier. Sie wurden zwischen 1997 und 2005 geliefert und als Wagen 837 bis 922 eingereiht.

Den Abschluss der Fahrzeugbeschaffung bei der AVG bilden die ab 2011 beschafften Wagen vom Typ ET 2010 aus der Flexity-Swift-Familie. Sie stammen von Bombardier und bekamen die Nummern 923 bis 952.

Der 450 935 gehört zu den ET 2010 aus der Flexity-Swift-Familie von Bombardier. Am 21. April 2015 hat er den Bahnhofsvorplatz in Karlsruhe erreicht.

Die DB-Wagen haben DB-Logos und die lange NVR-Nummer an den Stirnseiten. Auf der Linie S 5 ist 450 004 bei Mühlacker nach Bietigheim-Bissingen unterwegs.

TECHNISCHE DATEN
Länge über Kupplung: Zug 37.610 mm Endwagen 10.100 mm Mittelwagen 9.770 mm
Radsatzfolge: B'2'2'B'
Treibraddurchmesser: 740 mm
Achsstand im Drehgestell: 2.100 mm
Gesamter Achsstand: 32.070 mm
Dienstmasse: 58,6 t
Maximale Radsatzlast: 8 t
Höchstgeschwindigkeit: 95 km/h
Leistung: 2 x 230 kW
Motorbauart: Gleichstrommotor
Antrieb: Kegelrad
Stromsystem: 15 kV~/16,7 Hz; 750 V=
Indienststellung: seit 1991

Der Wagenkasten der GT8-100C/2S in Stahlleichtbauweise entspricht nicht den internationalen Vorgaben der UIC. Die geringere passive Sicherheit soll durch extrem kurze Bremswege, eine höhere Beschleunigung und die geringe Höchstgeschwindigkeit ausgeglichen werden. Die dreiteiligen Wagen laufen auf vier zweiachsigen Drehgestellen. Die beiden mittleren sind als Jakobsdrehgestelle ausgebildet. An den Enden sind automatische Scharfenbergkupplungen montiert. Mehrere Züge können von einem Führerstand aus gemeinsam gesteuert werden.

Über einen Einholmstromabnehmer gelangt die Fahrdrahtspannung zum Transformator. Diesem ist ein Gleichrichter vorgeschaltet, der im 15-kV-Netz der DB die Spannung für die Aggregate des Fahrzeugs anpasst. Die Systemumschaltung erfolgt automatisch beim Netzübergang. Die Sicherheitssysteme erlauben den Betrieb sowohl nach der Eisenbahn-Bau- und Betriebsordnung (EBO) als auch nach der Betriebsordnung Straßenbahn (BOStrab). Der Innenraum hat offene Abteile mit stoffgepolsterten Vis-à-vis-Sitzen. An den Enden gibt es abgeschlossene Räume für den Triebfahrzeugführer.

Der Einsatz erfolgt auf den S-Bahn- und Straßenbahn-Strecken rund um Karlsruhe. 450 002 schied 2001 nach einer Brandstiftung aus. Er wurde durch den Wagen 816, jetzt 450 005, ersetzt.

Auch die Triebwagen vom Typ GT8-100D/2S-M von Bombardier wurden in die Baureihe 450 eingereiht. Am 24. Oktober 2015 wartet Wagen 909 in Freudenstadt Hbf auf seine Rückfahrt nach Karlsruhe.

BAUREIHE 451

Stadtbahn Saarbrücken

Für den Einsatz im Großraum Saarbrücken haben sich die Saarbahnen 1997 zur Beschaffung von 28 Zügen vom Typ „Flexity Link" entschieden. Hier verlässt der Wagen 1024 Mühlacker in Richtung Bretten.

In den 1990er-Jahren entwickelte Bombardier Transportation mit dem „Flexity Link" einen Stadtbahnwagen, der in Deutschland von der Saarbahn GmbH gekauft wurde. Vorbild ist der DUEWAG-Straßenbahnwagen Typ „Freiburg". Dieser dreiteilige Gelenktriebwagen mit acht Achsen wurde zwischen 1971 und 1991 von der Düsseldorfer Waggonfabrik für die Freiburger Verkehrs AG gebaut. Beim „Flexity Link" ermöglicht eine Zweisystem-Einrichtung den flexiblen Einsatz im innerstädtischen Straßenbahnnetz und im regionalen Eisenbahnnetz. Im nationalen Fahrzeugregister (NVR) werden die Züge als Baureihe 451 bezeichnet.

Die Fahrzeuge bestehen aus drei Teilen. Ihre Endwagen sind niederflurig ausgeführt, der Mittelwagen ist hochflurig. Zwei der vier Drehgestelle laufen unter dem Mittelteil, die anderen unter den beiden Endwagen. Alle acht Radsätze sind angetrieben. Die Aufbauten der Endwagen bestehen aus einem geschweißten Stahlträgergerippe, das von außen mit Aluminiumblechen verkleidet ist. Der mittlere Teil wurde in Aluminium-Leichtbauweise gefertigt. Er trägt die Ausrüstung für den Einsatz unter Wechselspannung. Die beiden Kopfteile sind mit glasfaserverstärktem Kunststoff verkleidet.

Die Fahrzeuge stammen von Bombardier und sind für den Zweirichtungsbetrieb eingerichtet. Die Aufnahme zeigt den Wagen 1004 am 18. März 2015 bei der Haltestelle Römerkastell.

Die Saarbahnen bedienen grenzüberschreitend auch Sarreguemines (Saargemünd) mit ihren Stadtbahnwagen. Dort wartet der Wagen 1009 am 18. März 2015 auf die Rückfahrt nach Deutschland.

Das stählerne Untergestell ist mit den Seitenwänden vernietet, das Dach durchgehend als Aluminiumrahmen ausgeführt. Vier elektrisch bediente Doppelschwenkschiebetüren mit Klapptrittstufen je Wagenseite sollen einen zügigen Fahrgastwechsel ermöglichen.

Die Wagen haben einen elektrischen Teil für 750 V Gleichspannung. Er wurde von Kiepe Elektrik geliefert. Der Wechselspannungsteil für 15 kV/ 16,7 Hz kommt von Elin aus Wien. Der automatische Systemwahlschalter ist neben dem Stromabnehmer auf dem Dach des Mittelteils montiert. Stromrichter und Transformator sind unterflur im Mittelteil aufgehängt.

Im Mittelteil befinden sich offene Abteile mit 2+2-Sitzen in Vis-à-vis-Anordnung. Im Mittelteil und an den Wagenenden ist der Fußboden 600 mm hoch, im Mehrzweckbereich zwischen den Einstiegstüren nur 400 mm über der Schienenoberkante. Die beiden Führerstände sind vom Fahrgastraum durch eine Zwischentür erreichbar. Sie sind klimatisiert.

Im Oktober 1997 nahm die Saarbahn unter den Nummern 1001 bis 1015 die ersten 15 Fahrzeuge in Betrieb. Später kamen weitere 13 Wagen dazu, sodass heute 28 dieser Triebwagen im Einsatz sind.

Die Züge verkehren zwischen Lebach und Sarreguemines in Frankreich. Im Abschnitt Walpershofen/Etzenhofen–Saarbrücken Ost fahren die Zweisystemwagen auf Straßenbahngleisen. Sechs Wagen waren zeitweise im Raum Kassel im Einsatz. Im Dezember 2009 wurden die Wagen 1018, 1024 und 1028 nach Karlsruhe ausgeliehen und waren auf der Linie S 9 zwischen Mühlacker und Bruchsal unterwegs.

TECHNISCHE DATEN

Länge über Kupplung: (Zug) 37.870 mm
Radsatzfolge: Bo'Bo'Bo'Bo'
Treibraddurchmesser: 660 mm
Dienstmasse: 81,6 t
Höchstgeschwindigkeit: 100 km/h
Leistung: 8 x 120 kW
Motorbauart: Drehstrom-Asynchronmotor
Stromsystem: 15 kV~/16,7 Hz; 750 V=
Indienststellung: 1997–2000

Wie bei Straßenbahnen üblich werden die Wagen immer wieder mit Vollwerbungen beklebt (1019, Saarbrücken, 18. März 2015).

BAUREIHE 452, 689

Stadtbahn Kassel

Obwohl beide Endteile angetrieben sind, wurde jeweils eines als „Steuerwagen" eingereiht. Dazu gehört auch der 989 759, der am 13. August 2015 an der Haltestelle „Am Stern" aufgenommen wurde.

Mit der Citadis-Plattform bietet Alstom Stadtbahnwagen in unterschiedlichen Ausführungen an, die bereits in vielen europäischen Städten eingesetzt werden. Darunter sind auch Zweisystem-Fahrzeuge. Die Version E/E kann beispielsweise mit 750 V Gleichspannung und 15 kV/ 16 2/3 Hz Wechselspannung betrieben werden. Die Version E/D ist eine Hybridausführung, die mit 750 V Gleichspannung aus der Oberleitung, oder dieselelektrisch angetrieben werden kann. Im Fahrzeugregister wird die E/E-Version als Baureihe 452 geführt, die E/D-Version als Baureihe 689.

Der Mittelwagen der dreiteiligen Fahrzeuge hat zwei eigene Drehgestelle. Die beiden Kopfteile stützen sich auf einer Seite am Mittelwagen ab. An der Kopfseite haben sie ein Drehgestell. Die Triebwagen können einen minimalen Bogenradius von 22 Metern befahren. Die Kopfpartien sind aus glasfaserverstärktem Kunststoff hergestellt und mit dem stähler-

Der 989 758 gehört zu den Hybrid-Triebwagen mit elektrischem und Dieselantrieb (16. Februar 2015).

nen Wagenkasten verschraubt. Unter der großen Frontscheibe befindet sich eine Klappe, die elektrisch angehoben werden kann. Dahinter verbirgt sich die automatische Scharfenbergkupplung, mit der bis zu vier Wagen zu einem Zug verbunden werden können. Die zweiflügeligen Einstiegstüren mit beweglichen Trittstufen befinden sich im Niederflurteil der beiden Endwagen. Auch der Mittelteil ist komplett niederflurig. Nur über den Triebdrehgestellen an den Zugenden ist der Fußboden erhöht.

Die Fahrzeuge werden von vier in den Drehgestellen aufgehängten Drehstrom-Asynchronmotoren mit IGBT-Stromrichtern angetrieben. Die Hybrid-Fahrzeuge haben in jedem Endwagen einen MAN-Sechszylinder-Dieselmotor mit einer Leistung von 375 kW. Ein angeflanschter Generator erzeugt den Strom für die Fahrmotoren. Die Treibstofftanks der E/D-Version sind in den Endwagen untergebracht. Die gesamte elektrische Ausrüstung ist auf dem Dach montiert.

Der Innenraum ist mit offenen Abteilen mit 2+2 Sitzen in Vis-à-vis-Anordnung eingerichtet. In den Endwagen sind Mehrzweckabteile mit Klappsitzen an den Wänden integriert. Im Niederflurbereich beträgt die Fußbodenhöhe 420 mm, im Hochflurbereich 660 mm über SO.

Die Regionalbahn Kassel (RBK) bestellte insgesamt 28 Fahrzeuge, von denen das erste im Juli 2004 geliefert wurde. 18 Züge (701–718) gehören zur E/E-Version, die anderen zehn (751–760) zur E/D-Hybridversion.

Die elektrischen Wagen laufen zwischen Kassel und Warburg, Melsungen und Treysa. Die Hybridwagen werden auf der Strecke Kassel–Wolfhagen eingesetzt.

Den nur elektrisch angetriebenen Fahrzeugen wurde im NVR die Baureihennummer 452 zugewiesen. 452 711 fährt am 16. Februar 2016 in Kassel Hbf ein.

TECHNISCHE DATEN

Länge über Kupplung: (Zug) 36.762 mm

Radsatzfolge: Bo'2'2'Bo'

Achsstand im Drehgestell: 1.900 mm

Gesamter Achsstand: 30.450 mm

Dienstmasse: 59,8 [1]; 63,4 [2] t

Höchstgeschwindigkeit: 100 km/h

Leistung: 4 x 150 kW

Motorbauart: Drehstrom-Asynchronmotor

Antrieb: Gummiringfeder

Stromsystem: 15 kV~/16,7 Hz; 750 V=

Indienststellung: 2004–2005

[1] E/E-Version, [2] E/D-Version

Die Endsegmente haben nur vorn ein angetriebenes, zweiachsiges Drehgestell. Hinten stützen sie sich auf dem Mittelteil ab (452 718, Kassel, Holländischer Platz, 13. August 2015).

BAUREIHE 460

Der „Desiro MainLine“ von Siemens

Die „Desiro“-Züge von Siemens unterscheiden sich durch das Einzelwagen-Konzept von den meisten anderen RegionalBahn-Triebwagen. Bei ihnen lassen sich zusätzliche Mittelwagen schnell ein- und ausreihen.

Während bei den Endwagen alle Radsätze angetrieben sind, haben die Mittelwagen keine Motoren.

Die Baureihe 460 gehört zur „Desiro“-Plattform von Siemens. Sie unterscheidet sich vor allem durch das Einzelwagenkonzept von anderen RegionalBahn-Triebzügen. Die Züge sind sowohl für den S-Bahn-Betrieb als auch für den regionalen und überregionalen Einsatz vorgesehen. Weil seine Mittelwagen schnell ein- oder ausgereiht werden können, lassen sich die Züge an die Wünsche der Kunden anpassen. Auch beim Innenraum sind unterschiedliche Ausführungen erhältlich.

Die beiden Drehgestelle der Endwagen sind angetrieben, die der Mittelwagen nicht. Mit einer automatischen Mittelpufferkupplung der Bauart Scharfenberg können die Züge mechanisch und elektrisch miteinander verbunden werden. Die einzelnen Wagen des Triebzugs sind über Spezialkupplungen verbunden und können nur in der Werkstatt getrennt wer-

In Deutschland hat nur die „Trans Regio Deutsche Regionalbahn" Triebwagen der Baureihe 460 im Bestand. Die weißen Züge sind entlang des Rheins unterwegs. Die Aufnahme des 460 003 entstand in Brohl.

den. Stoßverzehrelemente neben den Kupplungen sollen größere Verformungen bei Unfällen vermeiden. Während die Endwagen wahlweise mit ein oder zwei doppelflügeligen Schiebetüren je Seite angeboten werden, sind beim Mittelwagen zwei Türen vorgesehen. Bewegliche Trittstufen erleichtern das Ein- und Aussteigen an niedrigen Bahnsteigen.

Auf dem Endwagen A sind der Stromabnehmer und die beiden Hauptschalter für die Endwagen montiert. Endwagen 2 trägt die Kombikühlanlage mit einem Ölkreislauf zur Kühlung des Transformatoröls und einen Wasserkreislauf zur Kühlung der beiden Umrichter sowie der Fahrmotoren. Zu den Sicherheitseinrichtungen zählen die zeitabhängige Sicherheitsfahrschaltung (SIFA), die induktive Zugsicherung I60R, die Punktförmige Zugbeeinflussung des Systems PZB90 und der GSM-R-fähige Funk MTRS (MESA 23).

Im Endwagen A teilt sich der Innenraum in den Führerraum 1 und ein Mehrzweckabteil. Der Mittelwagen hat offene Abteile mit gepolsterten Sitzen in Vis-à-vis-Anordnung. Der Endwagen B hat ebenfalls einen Führerraum, ein 1.-Klasse-Abteil, ein Mehrzweckabteil und eine behindertengerechte Toilette.

Die Fußbodenhöhe liegt in den Einstiegs- und Fahrgasträumen bei 800 mm über SO, über den Drehgestellen bei 890 mm.

Im März 2007 kaufte Angel Trains 17 der dreiteiligen Triebwagen. Die grau/gelb lackierten Züge wurden von Transregio geleast und sind seit Dezember 2008 auf der linken Rheinstrecke zwischen Köln, Koblenz und Mainz unterwegs.

TECHNISCHE DATEN
Länge über Kupplung: Zug 70.930 mm Endwagen 24.210 mm Mittelwagen 22.520 mm
Radsatzfolge: Bo'Bo'+2'2'+Bo'Bo'
Treibraddurchmesser: 850 mm
Achsstand im Drehgestell: 2.300 mm
Dienstmasse: (Zug) 132 t
Maximale Radsatzlast: 17 t
Höchstgeschwindigkeit: 160 km/h
Leistung: 2.600 kW
Motorbauart: Drehstrom-Asynchron
Antrieb: Tatzlager
Stromsystem: 15 kV~/16,7 Hz
Indienststellung: 2007–2008

Im Jahr 2016 war der 460 014 für den „Meridian" in Südbayern unterwegs. Deshalb fährt der Zug am 16. März 2016 in München Hbf ein.

BAUREIHE 462

„Desiro HighCapacity“

Mit dem Desiro HC bietet Siemens einen Triebwagen an, der aus einstöckigen Endwagen und doppelstöckigen Mittelwagen besteht.

Neueste Entwicklung der „Desiro“-Familie aus dem Hause Siemens sind die Desiro HC (HighCapacity). Es können entweder zwei oder drei antriebslose Doppelstock-Mittelwagen zwischen die angetriebenen, einstöckigen Endwagen eingestellt werden. Zusätzlich sind Mehrfachtraktionen möglich, sodass sich die Kapazitäten in einem weiten Rahmen variieren lassen.

Die Fahrzeuge laufen auf luftgefederten Drehgestellen. Elektrodynamische Bremsen bringen die Züge sicher zum Stehen.

Um möglichst wenig Energie zu verbrauchen, sind die Züge so leicht wie möglich gebaut. Zusätzlich unterstützt ein Assistenzsystem den Fahrer dabei, vorausschauend zu beschleunigen und zu bremsen. Eine Klimaanlage mit CO_2-Erkennung kühlt oder erhitzt nur so viele Luft wie in den

So werden die Züge von RRX in den Sitzbereichen eingerichtet sein. In den Mehrzweckräumen wird es Klappsitze an den Wänden geben.

Innenräumen benötigt wird. Auch die sparsame LED-Innenbeleuchtung hilft Energie zu sparen.

In den Innenräumen sind offene Abteile sowie Mehrzweckräume zu finden. Transparente Trennwände vermindern Zugluft.

Eine Videoüberwachung, Notsprechstellen an allen Einstiegen, Festhaltemöglichkeiten im ganzen Zug und die intelligente Türüberwachung tragen zur Sicherheit während der Fahrt sowie beim Ein- und Aussteigen bei. Steckdosen und ein WLAN-Zugang gehören ebenfalls zur Ausstattung.

Die Züge sind so konzipiert, dass an Bahnsteigen mit einer Höhe von 760 mm über SO ein barrierefreies Einsteigen an allen Türen möglich ist. An Bahnsteighöhen von nur 550 mm Höhe lassen sich die Einstiege nachträglich leicht anpassen.

Erstes Verkehrsunternehmen in Deutschland, das die neuen Züge einsetzen wird, ist der Rhein-Ruhr-Express (RRX). Dafür hat RRX 82 vierteilige Züge bestellt, von denen die ersten bereits Testfahrten unternehmen. Später sollen die Fahrzeuge einen Teil des Regionalverkehrs im Rhein-Ruhr-Gebiet übernehmen.

Auch für Baden-Württemberg sind vierteilige Züge vorgesehen. Hier sollen die Züge ab Juni 2020 für DB Regio Regionalexpress-Leistungen zwischen Basel und Offenburg fahren. Sobald der Rastatter Tunnel eröffnet ist, sollen die Züge bis Karlsruhe verlängert werden. Die 15 Züge werden im gelb-weiß-schwarzen Landesdesign für Baden-Württemberg geliefert.

Die ersten Züge für RRX unternehmen bereits Testfahrten, um die Zulassung vom Eisenbahn-Bundesamt zu bekommen.

TECHNISCHE DATEN
Länge über Kupplung: Zug (vierteilig) 105.252 mm Endwagen 26.226 mm Mittelwagen 25.200 mm
Radsatzfolge: Bo'Bo'+2'2'+2'2'+Bo'Bo'
Achsstand im Drehgestell: 2.500 mm
Dienstmasse: (Zug) 200 t
Höchstgeschwindigkeit: 160 km/h
Leistung: 4.000 kW
Stromsystem: 15 kV~/16,7 Hz
Indienststellung: seit 2018

Auch für Baden-Württemberg sind die Züge vorgesehen. Sie sollen zwischen Basel, Offenburg und später Karlsruhe eingesetzt werden.

BAUREIHE 472

Bundesbahn-Neubau für Hamburg

Mitte der 1970er-Jahre beschaffte die Deutsche Bundesbahn Triebwagen für die neuen, steileren Strecken der Hamburger S-Bahn. Bei diesen sind alle Radsätze angetrieben.

TECHNISCHE DATEN

Länge über Kupplung:
Zug 65.820 mm
Endwagen 23.165 mm
Mittelwagen 19.490 mm

Radsatzfolge:
Bo'Bo'+Bo'Bo'+Bo'Bo'

Treibraddurchmesser:
850 mm

Achsstand im Drehgestell:
2.500 mm

Gesamter Achsstand:
Endwagen 18.690 mm
Mittelwagen 15.090 mm

Dienstmasse: (Zug) 114 t

Maximale Radsatzlast: 10 t

Höchstgeschwindigkeit:
100 km/h

Leistung: 12 x 125 kW

Motorbauart: Gleichstrom-Reihenschlussmotor

Antrieb: Tatzlager

Stromsystem: 1,2 kV=

Indienststellung:
1974–1976, 1982–1984

Für die Hamburger City-S-Bahn mit Steigungen von bis zu 40 Promille wurde ein neuer allachsgetriebener dreiteiliger Triebwagen konstruiert. Verschiedene Fahrzeughersteller hatten den Zug zusammen mit dem BZA München und der BD Hamburg entwickelt, weil der Weiterbau der alten 470 in Anbetracht der neu gebauten Strecken mit ihren starken Steigungen nicht sinnvoll gewesen wäre. Deshalb sollten alle Radsätze angetrieben werden. Nachdem 1974 und 1975 zunächst 30 dreiteilige Züge geliefert worden waren, bestellte die DB 1982 bis 1984 32 weiter verbesserte Garnituren als Ersatz für verschlissene Triebzüge der Baureihe 471 und auch, um den steigenden Bedarf auf neuen Strecken abzudecken.

Der Zug 015/515 wurde zum Schienenreinigungszug umgebaut, mit dem Schmierfilme von den Schienen beseitigt werden können.

Die Wagenkästen sind komplett in Leichtbauweise hergestellt und vollständig geschweißt. Die Stirnfronten bestehen dagegen aus glasfaserverstärktem Polyester. Hinter der relativ kleinen Frontscheibe ist das Führerpult mittig angeordnet. Die 2.-Klasse-Endwagen haben je vier Türen

Am 26. Juni 2015 warten mehrere Triebzüge der Baureihe 472 in Hamburg-Altona auf ihren nächsten Einsatz.

auf jeder Wagenseite, der 1.-Klasse-Mittelwagen nur drei. Die Fenster in den Fahrgasträumen lassen sich oben öffnen. Zwischen den Wagen gibt es keine Übergangsmöglichkeiten, obwohl die Kurzkupplung nur in der Werkstatt gelöst werden kann. An den Zugenden sind Scharfenbergkupplungen montiert. Über Gummi- und Luftfedern stützen sich die Wagenkästen auf den geschweißten Drehgestellen ab.

Allen zwölf Radsätzen ist je ein vierpoliger Gleichstrom-Reihenschlussmotor mit Tatzlagerantrieb zugeordnet. Die komplette elektrische Einrichtung mit Nockenschaltwerk und Thyristor-Pulssteuerung konnte in Einschüben in der Bodenwanne angeordnet werden. Eine Vielfachsteuerung ermöglicht den gemeinsamen Einsatz von bis zu drei Triebzügen. Alle Triebwagen der Hamburger S-Bahn beziehen ihre elektrische Energie über Schleifer an den Drehgestellen aus der seitlich geführten Stromschiene.

Die Innenraum- und Klassenaufteilung entsprechen denen der Vorgänger. Die Traglastenabteile entfielen zugunsten von Sitzabteilen. Der Zug bietet 50 Sitzplätze in der 1. Klasse und 130 Sitzplätze in der 2. Klasse.

Zwischen 1997 und Ende 2005 durchliefen die Züge ein „Redesign"-Programm, bei dem sie neue technische Ausstattungen wie Notrufsprechstellen und die Einrichtungen zur Triebfahrzeugführer-Selbstabfertigung (SAT) bekamen. Außerdem wurde der Innenraum an das Design der Baureihe 474 angeglichen.

Hinter der markanten Stirnfront mit der großen Scheibe ist mittig das Führerpult angeordnet (472 531, 29. Juni 2015, Hamburg-Dammtor).

Dank der automatischen Scharfenbergkupplung können bis zu drei Triebzüge von einem Führerstand aus gesteuert werden. Am 11. Mai 2015 fährt 472 556 aus Hamburg Hbf aus.

BAUREIHE 474

Auch für Oberleitungsbetrieb

474 627 ist auf einer mit Oberleitung elektrifizierten Strecke unterwegs und bekommt seine Energie über einen Dachstromabnehmer.

Im Auftrag der Deutschen Bahn entwickelte die Arbeitsgemeinschaft Linke-Hofmann-Busch (LHB) und Adtranz den neuen S-Bahn-Triebzug der Baureihe 474 für Hamburg. In enger Zusammenarbeit mit der DB AG entstand ein neuer Triebzug, der für einen wirtschaftlichen und umweltverträglichen Betrieb der Hamburger S-Bahn sorgen sollte. Die Züge setzen sich aus den beiden angetriebenen Endwagen und dem antriebslosen Mittelwagen (Baureihe 874) zusammen.

Ein niveaugleicher Zugang mit doppelten Schiebetüren führt in den Fahrgastbereich, der mit behindertengerechten Bedienelementen ausgestattet ist. Automatische Haltestellenanzeigen und -ansagen erleichtern die Orientierung. Für hohen Fahrkomfort sollen unter anderem eine optimierte Geräuschdämmung und eine wirkungsvolle Heizungs- und Lüftungsanlage sorgen. Der Führerraum wurde von LHB-Designern mit Beteiligung der Hamburger Triebfahrzeugführer nach ergonomischen Erkenntnissen gestaltet. Nach hinten wird der Führerraum durch eine Trennwand abgeschlossen.

Die Wagenkästen der Trieb- und Mittelwagen haben eine gleichartige Rohbaustruktur. Die überwiegende Verwendung nicht rostender Stähle verbessert die Wirtschaftlichkeit im Hinblick auf die spätere Wartung und Instandhaltung. Die Wagenkästen sind luftgefedert auf die Drehgestelle aufgesetzt, wobei vertikale und horizontale Wagenbewegungen hydraulisch gedämpft werden. Die Bremse arbeitet sowohl elektrodynamisch als auch rein pneumatisch. Sie wird durch die elektronische Führerbremsanlage geregelt. Automatische Scharfenbergkupplungen an den Stirnseiten ermöglichen das Zusammenstellen von Zugverbänden mit bis zu drei Zügen.

Die reinen Stromschienen-Wagen haben keinen Dachstromabnehmer. Sie können nur auf entsprechenden Strecken eingesetzt werden (474 518, Hamburg Hbf).

Die beiden Endwagen sind jeweils mit einem wassergekühlten GTO-Wechselrichter und vier ebenfalls wassergekühlten Drehstrom-Asynchronmotoren ohne die wartungsintensiven Schaltwerke ausgerüstet. Die Abwärme der Motoren wird für die Heizung der Fahrgasträume genutzt. Mit Ausnahme der für die Bedienung erforderlichen Elemente ist die elektrische Ausrüstung im Untergestell untergebracht. Ein in die Fahrzeugleittechnik integriertes Diagnosesystem unterstützt die Triebfahrzeugführer und das Wartungspersonal. Die neue Technik verhindert allerdings den gemeinsamen Einsatz der Triebwagen mit den Vorgängerbaureihen.

Alle Triebwagen der Baureihe 474 sind in Hamburg-Ohlsdorf beheimatet. 2006 wurden die ersten Mehrsystem-Züge geliefert, die die Energie auch über Dachstromabnehmer aus der Fahrleitung entnehmen können. Sie werden auf der Strecke nach Stade und Cuxhaven eingesetzt, die ab Hamburg-Neugraben mit einer Oberleitung überspannt ist. Zu den neun Neubauten kommen 33 aus Stromschienenwagen umgebaute Züge, sodass sich der Bestand auf 42 Zweisystemzüge beläuft. Dazu kommen 58 Stromschienen-Züge.

TECHNISCHE DATEN
Länge über Kupplung: Zug 66.000 mm Endwagen 23.115 mm Mittelwagen 19.770 mm
Radsatzfolge: Bo'Bo'+2'2'+Bo'Bo'
Achsstand im Drehgestell: 2.300 mm
Gesamter Achsstand: Endwagen 16.190 mm Mittelwagen 13.280 mm
Dienstmasse: (Zug) 102 t
Höchstgeschwindigkeit: 100 km/h
Leistung: 8 x 115 kW
Motorbauart: Drehstrom-Asynchronmotor
Antrieb: Tatzlager
Stromsystem: 1,2 kV=; 15 kV~/16,7 Hz
Indienststellung: 1997–2006

Die Innenräume der 2. Klasse sind mit offenen Abteilen mit 2+2-Sitzen eingerichtet, die mit blauem Stoff im DBM-Design bezogen sind.

Hoch über dem Thüringer Wald

Der zum „Olitätenwagen" umgebaute 479 205 hat nun keinen eigenen Antrieb mehr. Sein Dach wurde geöffnet, sodass er nur noch bei schönem Wetter eingesetzt werden kann.

Auf der Flachstrecke der Oberweißbacher Bergbahn fahren drei Elektrotriebwagen mit außergewöhnlicher Herkunft. Jeder von ihnen hat seine eigene Geschichte. Die Strecke von Lichtenhain nach Cursdorf schließt an die Standseilbahn von Obstfelderschmiede an und wird seit ihrer Eröffnung 1923 elektrisch betrieben. Aus dieser Zeit stammt auch der mehrfach umgebaute Triebwagen 479 201, ein Produkt der Waggonfabrik Gotha. Er wurde speziell für diese Strecke gebaut.

479 203 hingegen wurde 1909 von Herbrand für die Leipziger Straßenbahn gebaut, 1955 für die Bergbahn angepasst und schließlich 1963 im Raw Gotha weitgehend neu als Eisenbahntriebwagen aufgebaut. 479 205 wurde 1984 aus einem Steuerwagen der Bergbahn umgebaut. Er war zuvor bei der Niederbarnimer Eisenbahn als Beiwagen genutzt worden. Seit 1984 präsentieren sich die Triebwagen weitgehend einheitlich.

Die Stirnseiten der geschweißten Wagenkästen ähneln denen der Berliner U-Bahn-Großprofilwagen vom Typ E III. Durch einen Mitteleinstieg mit druckluftbedienten Schiebetüren gelangen die Fahrgäste in ein Großraumabteil. Schiebetüren und oben klappbare Seitenfenster wurden dem Ersatzteillager der S-Bahn Berlin entnommen. Zwischenwände mit Drehtüren trennen die Führerstände vom Fahrgastraum ab. Die Führerstände haben keinen eigenen Einstieg von außen. Außer dem Fahrschalter sind hier das Führerbremsventil und die Sicherheitsfahrschaltung angebracht.

Eine Druckluftbremse der Bauart Knorr ergänzt die elektrische Widerstandsbremse.

Je nach Fahrgastaufkommen sind die zweiachsigen Triebwagen einzeln oder zu zweit unterwegs.

Ein Stromabnehmer nimmt die 600 Volt Gleichspannung von der einfachen Fahrleitung ab. Die Wagen werden mit zwei Gleichstrom-Reihenschlussmotoren vom Typ GFM 3127 mit Tatzlagerantrieb angetrieben. Die Spannung beziehen sie über einen Straßenbahnfahrschalter und Vorwiderstände.

Die Fahrgasträume 2. Klasse haben offene Abteile, die 24 Reisenden einen gepolsterten Sitzplatz bieten. Eine Beschallungs- und eine Türschließeinrichtung mit Klingelsignal und Warnlicht sind vorhanden.

Alle Triebwagen sind in der Einsatzstelle Lichtenhain an der Bergbahn beheimatet. Sie werden einzeln oder zu zweit ausschließlich auf der drei Kilometer langen Flachstrecke der Oberweißbacher Bergbahn von Lichtenhain über Oberweißbach-Deesbach nach Cursdorf eingesetzt.

Inzwischen wurde 479 205 zum Olitätenwagen umgebaut. Er widmet sich nun Kräutern und Olitäten (Naturheilmittel) aus der Region. Die Fahrgäste können sich aus Grafiken informieren, außerdem stehen Ferngläser zur Verfügung, um die Aussicht im Thüringer Wald zu genießen. Der Wagen hat ein Glasdach und glaslose Fenster. Er wird ist von Mai bis Oktober bei schönem Wetter im Regelfahrplan eingesetzt.

TECHNISCHE DATEN

- Länge über Puffer: 12.600 mm
- Radsatzfolge: Bo
- Gesamter Achsstand: 6.500 mm
- Dienstmasse: 16,3 [1]; 15,3 t
- Maximale Radsatzlast: 8 t
- Höchstgeschwindigkeit: 40 km/h
- Leistung: 2 x 60 kW
- Motorbauart: Gleichstrom-Reihenschlussmotor
- Antrieb: Tatzlager
- Stromsystem: 600 V=
- Indienststellung: 1963; 1981*

[1] 479 201

Die Strecke ist mit einer einfachen Oberleitung mit 600 V Gleichspannung elektrifiziert. Hier ist 479 203 bei Lichtenhain unterwegs.

BAUREIHE 480

Für die Berliner Verkehrsbetriebe

Die Triebwagen der Baureihe 480 wurden von den Berliner Verkehrsbetrieben (BVG) ent-wickelt und ab der zweiten Hälfte der 1980er-Jahre in Dienst gestellt.

TECHNISCHE DATEN
Länge über Kupplung: (Viertelzug) 36.800 mm Endwagen 18.400 mm Mittelwagen 18.400 mm
Radsatzfolge: Bo'Bo'+Bo'Bo'
Treibraddurchmesser: 900 mm
Achsstand im Drehgestell: 2.200 mm
Gesamter Achsstand: Endwagen 14.300 mm Mittelwagen 14.300 mm
Dienstmasse: (Zug) 60 t
Höchstgeschwindigkeit: 100 km/h
Leistung: 8 x 90 kW
Motorbauart: Drehstrom-Asynchronmotor
Antrieb: Tatzlager
Stromsystem: 750 V=
Indienststellung: 1987 [1], 1990–1994
[1] 480 001 bis 480 004

Die Baureihe 480 wurde von den Berliner Verkehrsbetrieben (BVG) beschafft, die zwischen Anfang 1984 und 1993 im Westteil der Stadt für die S-Bahn verantwortlich war, die sie von der DR der DDR übernommen hatte. Direkt nach diesem Wechsel begann das Unternehmen Ersatzfahrzeuge für die ebenfalls übernommenen Altbauwagen der Baureihe 475 zu beschaffen, denn um auch stillgelegte Strecken wieder in Betrieb nehmen zu können, reichten die 115 Fahrzeuge der Baureihe 475 nicht aus.

1987 lieferte die Waggon-Union die ersten vier Prototypen der neuen Baureihe 480, die sich optisch deutlich von den Vorgängern unterschieden. Die kristallblauen 480 001 und 002 konnten sich gegen die traditionelle bordeauxrot-ockerfarbene Lackierung der 480 003 und 004 bei den Berlinern nicht durchsetzen und alle weiteren Wagen wurden zweifarbig lackiert. Ab 1990 begann die Auslieferung von insgesamt 81 Serientriebzügen. An deren Bau war neben der Waggon-Union auch AEG beteiligt.

Der selbsttragende Wagenkasten ist in Leichtbauweise aus korrosionsbeständigem Edelstahl gefertigt. Ein verformbares Kopfstück dient zur Aufnahme von Kräften bei Unfällen und somit zum Schutz der dahinter liegenden Fahrgastzelle. Der Wagenkasten stützt sich über je zwei Luftfederbälge auf die Drehgestelle ab.

Schleifkontakte an den Drehgestellen leiten die Gleichspannung von 750 V aus der Stromschiene in die Triebwagen.

Weil die Züge kein Zugbeeinflussungssystem ZBS haben, dürfen sie nur noch auf der Ringstrecke eingesetzt werden.

Die acht Fahrmotoren je Doppeltriebwagen sind quer zur Fahrtrichtung in den Drehgestellrahmen befestigt und treiben die Radsätze über eine Lamellen-Kreuzkupplung an. Die Züge haben automatische Scharfenbergkupplungen an den Zugenden und Kurzkupplungen zwischen den Wagen. An beiden Längsseiten sind je drei Außenschwenk-Schiebetüren eingebaut.

Der Strom wird über zwei Schleifer je Zug von der Stromschiene abgenommen. Über Netzfilter, Gleichstromsteller und Wechselrichter gelangt die Energie zu den Drehstrom-Asynchronmotoren. Die Antriebssteuerung über Mikrocomputer eignet sich auch für einen automatischen Fahrbetrieb mit von der Strecke ausgehenden Impulsen. Gebremst wird mit einer kombinierten elektrischen Nutz- und Widerstandsbremse, die einen Teil der Energie ins Netz zurückspeisen kann, und mit einer Scheibenbremse. Eine Federspeicherbremse dient als Feststellbremse.

Die Züge sind in Berlin-Grünau beheimatet. 2002 schieden die Prototypen 480 001 bis 480 004 aus dem Bestand aus und wurden 2003 verschrottet. Die restlichen Züge sind noch im Unterhaltungsbestand. Um sie noch weiterhin einsetzen zu können, begann die DB ab 2015 mit einer Aufarbeitung und Nachrüstung der Züge. Dabei bekamen sie unter anderem GSM-R-Zugfunk und neue Fahrgastinformationssysteme. Seit Oktober 2016 darf die Baureihe 480 nicht mehr auf den Innenstadt-Strecken eingesetzt werden, weil sie kein Zugbeeinflussungssystem ZBS hat. Somit fahren die Züge praktisch nur noch auf der Ringbahn. Diese wird aber voraussichtlich 2023 mit ZBS ausgestattet werden, sodass es für die Züge dann keine Einsatzmöglichkeit mehr gibt.

Neben den festen Sitzen sind an den Stirnseiten zwischen den beiden Zughälften zusätzliche Klappsitze montiert.

BAUREIHE 481

Erste Baureihe nach der Wende

Die Triebwagen der Baureihe 481 sind die erste Neubeschaffung der 1994 gegründeten Deutschen Bahn AG für die Berliner S-Bahn.

TECHNISCHE DATEN
Länge über Kupplung: (Viertelzug) 36.800 mm Endwagen 18.400 mm Mittelwagen 18.400 mm
Radsatzfolge: Bo'2'+Bo'Bo'
Treibraddurchmesser: 820 mm
Achsstand im Drehgestell: 2.200 mm
Gesamter Achsstand: Endwagen 14.300 mm Mittelwagen 14.300 mm
Dienstmasse: (Zug) 57 t
Höchstgeschwindigkeit: 100 km/h
Leistung: 6 x 100 kW
Motorbauart: Drehstrom-Asynchronmotor
Antrieb: Läuferhohlwelle
Stromsystem: 750 V=
Indienststellung: 1996–2005

Nachdem 1994 die beiden Teile der Berliner S-Bahn zusammengeführt wurden, war es nicht länger sinnvoll, unterschiedliche Neubaufahrzeuge zu beschaffen. Schon 1991 entstand ein „Lastenheft für das Einheitsfahrzeug der Berliner S-Bahn", das 1994 noch einmal überarbeitet wurde. Es enthielt als wesentliche Ziele die Verbesserung von Komfort und Sicherheit für die Fahrgäste, eine Kostenreduzierung bei Anschaffung, Betrieb und Instandhaltung, sowie eine flexible Gestaltung der Fahrgasträume. Auf der Grundlage dieses Hefts lieferte die Deutsche Waggonbau (DWA) zusammen mit der AEG Schienenfahrzeuge Hennigsdorf 1996 die ersten Viertelzüge der Baureihe 481/482.

Sie bestehen aus zwei betrieblich nicht trennbaren Wagen, die über eine Kurzkupplung miteinander verbunden sind. Erstmals ist für die Fahrgäste eine Übergangsmöglichkeit zwischen den Wagen vorgesehen. Weil nur in einem Wagen ein Führerstand eingebaut wurde, besteht die kleinste einsetzbare Einheit im Halbzug. Die mit dem Führerstand ausgerüstete Baureihe 481 hat zwei Triebdrehgestelle, die Baureihe 482 ein Trieb- und ein Laufdrehgestell, sodass sechs Achsen des Viertelzugs angetrieben sind. Die verwindungsweichen Drehgestelle in Stahl-Leichtbau-

Die Wagen sind mit offenen Abteilen und großzügigen Stehflächen eingerichtet. Ein Stirnübergang ist nur zwischen den beiden Wagen eines Viertelzugs vorhanden.

weise basieren auf denen der Baureihe 480. Als Primärfederung wurden Gummifedern gewählt, als Sekundärfederung eine kombinierte Gummi-Luftfederung.

Der Wagenkasten als Stahl-Leichtbaukonstruktion aus Edelstahl bietet bei der Instandhaltung deutliche Vorteile gegenüber der Ausführung aus Aluminium. Die gekrümmte Frontscheibe ist in einer Frontmaske aus Kunststoff gelagert. Die Seitenfenster sind optisch zu Doppelfenstern zusammengezogen. Zweiflügelige Schwenkschiebetüren ermöglichen einen schnellen Fahrgastwechsel.

Die guten Erfahrungen mit dem Antriebskonzept der Baureihe 480 führten zur Entscheidung, auch die Baureihe 481/482 mit Drehstrom-Antriebstechnik auszustatten. Als Fahrmotoren werden eigenbelüftete Asynchronmotoren eingesetzt. Die Bremsausrüstung mit einer elektrodynamischen und einer elektropneumatischen Bremse entspricht ebenfalls weitgehend der des 480. Je nach Aufnahmefähigkeit des Netzes wird die Bremsenergie rückgespeist oder über Bremswiderstände abgeleitet. Die Fahrzeuge haben zwar eine Hauptluftleitung als Durchgangsleitung für das Einstellen in einen Wagenzug mit pneumatischer Bremse, aber keine eigene pneumatische Bremse. Die Wirkung einer zerrissenen Hauptluftleitung, die zum sofortigen Auslösen einer Schnellbremsung führt, wird durch eine elektrische Sicherheitsschleife realisiert.

Die Züge sind in den Werken Grünau und Wannsee beheimatet. Sie dürfen auf allen Linien fahren und die Linien S 1, S 2, S 25, S 3, S 5, S 7, S 75 und S 85 werden ausschließlich mit Züge der Baureihe 481 gefahren. Fallweise werden sie auch auf den Linien S 42 und S 47 eingesetzt.

Nach einem großflächig beigefarbenen Anstrich laufen die Wagen inzwischen im traditionellen rot/beigefarbenen Anstrich der Berliner S-Bahn. Hier legt 481 179 einen Zwischenhalt in Berlin-Lichtenberg ein.

Die kleinste Einheit ist ein Viertelzug aus zwei Wagen. Er hat aber nur einen Führerstand und muss deshalb mit einem zweiten Viertelzug zu einem Halbzug kombiniert werden (481 502, Berlin Ostbahnhof).

BAUREIHE 485

Noch von der DR beschafft

Die Züge der Baureihe 480 sind schon seit 1980 im S-Bahn-Einsatz und sollten schon mehrfach ausgemustert werden (485 070, Berlin Hbf).

Mehr als 670 Vorkriegszüge hatte die DR auf der Berliner S-Bahn noch im Einsatz, als ab 1980 endlich eine neue Baureihe beschafft werden konnte. Die heutige Baureihe 485/885 wurde zunächst als Baureihe 270 bezeichnet. Auf der Leipziger Frühjahrsmesse 1980 wurde ein erster Probezug der Öffentlichkeit vorgestellt. Zwischen 1980 und 1992 wurden 170 Viertelzüge, bestehend aus einem Trieb- und einem Beiwagen in Dienst gestellt. Hersteller aller Fahrzeuge war LEW Hennigsdorf bzw. die AEG, die das Werk inzwischen übernommen hatte.

Der selbsttragende Wagenkasten ist in Aluminium-Leichtbauweise unter Verwendung von Groß-Strangpressprofilen gefertigt. Der Wagenboden wurde in den Tragverband des Grundrahmens einbezogen, der auch die Kupplungsträger für die automatische Scharfenbergkupplung an der Stirnfront und die Kurzkupplung zwischen Trieb- und Beiwagen aufnimmt. Zwischen den Wagen gibt es keinen Übergang. Eine H-förmige Schweißkonstruktion bildet den Rahmen der einheitlich gestalteten Trieb-

Die Baureihe 485 war 2017 in Berlin-Grünau zu Hause und wurde nur noch auf den Linien S 46, S 48, S 8 und S 85 eingesetzt. 2011 fährt 485 016 noch in Berlin-Hohenschönhausen an der S 75 ein.

Die Innenräume wurden inzwischen modernisiert und die alten Kunststoffsitze gegen solche mit Stoffbezug ausgetauscht.

und Laufdrehgestelle. Der Antrieb ist in Tatzlagerbauweise konstruiert. Zylindrische Schraubenfedern und in Reihe geschaltete Gummifedern übernehmen die Radsatzfederung. Der Wagenkasten stützt sich mit Flexicoilfedern auf den Drehgestellrahmen ab. Die vier außen laufenden Schiebetüren je Wagenseite werden mit Druckknöpfen betätigt und mit Druckluft bewegt. Jeder Viertelzug hat nur einen Führerraum, der durch eine Tür vom Fahrgastraum aus betreten werden kann.

Zwei Schleifer je Wagenseite nehmen die Fahrspannung von der Stromschiene ab. Alle Trieb- und Beiwagen sind mit einer Starkstromleitung durchgekuppelt. Mit einem Gleichstromsteller kann die Fahrspannung stufenlos den Fahrmotoren zugeführt werden. Weiterhin ermöglicht er die Rückführung von Bremsenergie in die Stromschienen. Die Baureihe 485 verfügt über eine zentrale Zugsteuerung sowie einen elektronischen Schleuder- und Gleitschutz. Neben der elektrodynamischen Bremse ist eine elektropneumatisch bediente Scheibenbremse und eine Federspeicherbremse als Parkbremse vorhanden. Wegen ihrer durchgehenden Starkstromleitung können die Züge nicht im gesamten S-Bahn-Netz eingesetzt werden. Sie benötigen spezielle Überbrückungen an den Netz-Trennstellen.

Abweichend vom rot/beigefarbenen Standard-Anstrich der Berliner S-Bahn wurden die Züge zunächst mit roter Lackierung und dunklen Fensterbändern abgeliefert. Sie haben aber inzwischen die traditionelle zweifarbige Lackierung.

Beide Teile eines Viertelzugs sind mit Großräumen ausgestattet. Sie enthalten offene Abteile und Traglastenabteile mit in Längsrichtung angeordneten Sitzen. Die Sitze sind gepolstert und mit Kunstleder bezogen, die Wände mit Kunststoffplatten verkleidet. An den Decken sind durchgehende Leuchtenbänder mit Leuchtstofflampen montiert.

Die Züge sind alle in Berlin-Grünau stationiert. Sie sollten schon ausgemustert werden, doch 2010 gab es massive Probleme mit der Baureihe 481, viele dieser Züge mussten zeitweise abgestellt werden. Deshalb beschloss die DB einige 485 aufarbeiten zu lassen, um die Lücken zu schließen. 2017 waren die Fahrzeuge noch auf den Linien S 46, S 47, S 8 und S 85 anzutreffen.

TECHNISCHE DATEN

Länge über Kupplung: (Viertelzug) 36.200 mm Endwagen 18.150 mm Mittelwagen 18.050 mm
Radsatzfolge: Bo'2'+2'2'
Treibraddurchmesser: 850 mm
Achsstand im Drehgestell: 2.500 mm
Gesamter Achsstand: Endwagen 14.800 mm Mittelwagen 14.800 mm
Dienstmasse: (Zug) 60 t
Höchstgeschwindigkeit: 90 km/h
Leistung: 4 x 125 kW
Motorbauart: Gleichstrom-Reihenschlussmotor
Antrieb: Tatzlager
Stromsystem: 750 V=
Indienststellung: 1985, 1987–1992

BAUREIHE 490

Ablösung für die Baureihe 472

Die Triebwagen der Baureihe 490 sollen auf längere Sicht die alten Fahrzeuge der Baureihe 472 ersetzte, die schon seit den 1970er-Jahren unterwegs sind.

Um die in die Jahre gekommenen S-Bahn-Triebzüge der Baureihe 472 in Hamburg zu unterstützen und sie bis zum Jahr 2018 ganz abzulösen, bestellte die Deutsche Bahn bei Bombardier Transportation in Hennigsdorf insgesamt 60 neue Fahrzeuge im Wert von 335 Millionen Euro.

Die dreiteiligen Triebzüge, die als Baureihe 490 in den Bestand eingereiht werden, sind nach modernsten Methoden gefertigt, mit neuester Technik ausgestattet und dabei speziell auf die Hamburger Verhältnisse zugeschnitten. Sie bieten 190 Sitz- und 280 Stehplätze. An den Außenseiten der Sitze sind klappbare Armlehnen montiert, die den Fahrkomfort erhöhen sollen.

Die Fahrzeuge haben eine Klimaanlage mit Wärmepumpe, ein Novum in Europa. In die Endwagen sind Crash-Elemente integriert, um Verlet-

Die Inneneinrichtung entspricht weitgehend der in anderen modernen S-Bahn-Triebwagen. Über Matrixanzeigen, Monitore und Lautsprecher werden die Fahrgäste über den Fahrtverlauf informiert. Klappbare Armlehnen an den Außenseiten der Sitze erhöhen die Bequemlichkeit.

Wie alle anderen Triebwagen der Hamburger S-Bahn werden auch die 490 im Hamburg-Ohlsdorf beheimatet und betreut.

zungen der Fahrgäste bei Aufstößen zu verringern. Übergänge zwischen den einzelnen Teilen erlauben eine gute Verteilung der Fahrgäste. Das Mehrzweckabteil bietet Platz für Rollstühle und Kinderwagen. Große Informationsbildschirme unterrichten die Fahrgäste über Strecke und Haltstationen. Beleuchtete Trittkanten und Knöpfe sowie Signaltöne erleichtern den Fahrgästen die Nutzung der Züge.

Die 29 Einsystem- und 31 Zweisystemfahrzeuge, die auch mit Oberleitung auf Fernbahnstrecken betrieben werden können, lösen die Baureihe 472 zunächst auf der Linie 21 ab und werden darüber hinaus auf der Linie S 3 nach Stade eingesetzt. Zudem sind sie für den Einsatz auf den geplanten Linien S 21 nach Kaltenkirchen und S 4 nach Bad Oldesloe vorgesehen. Die DB erwägt, dafür weitere Züge zu bestellen.

Mehrere Fahrzeuge sind bereits fertig gestellt. Seit Herbst 2016 sind die ersten Wagen probehalber im Fahrgasteinsatz auf dem gesamten Netz unterwegs. Ab April 2018 ist der Einsatz aller 60 Neufahrzeuge im täglichen S-Bahn-Regelbetrieb geplant.

TECHNISCHE DATEN
Länge über Kupplung: 66.000 mm
Radsatzfolge: Bo'Bo'+2'2'+Bo'Bo'
Dienstmasse: Einsystem 122 t Zweisystem 130 t
Höchstgeschwindigkeit: Einsystem 100 km/h Zweisystem 140 km/h
Nennleistung: 8 x 170 kW = 1.360 kW
Stromsystem 1,2 kV =; 15 kV ~/ 16,7 Hz
Indienststellung: seit 2016

Futuristisch mutet das Design der neuen Züge mit dem silberfarbenen „H" für Hamburg an den Stirnfronten an.

BAUREIHE 605

Der Diesel-ICE

Die 20 vierteiligen ICE-Triebwagen der Baureihe 605 waren für den Einsatz auf nicht elektrifizierten, kurvenreichen Strecken vorgesehen.

Um auf kurvenreichen, nicht elektrifizierten Strecken die Geschwindigkeit und den Fahrkomfort erhöhen zu können, bestellte die DB Ende der 1990er-Jahre die Diesel-ICE-TD der Baureihe 605. Gebaut wurden die Wagen zwischen 1999 und 2001. Siemens lieferte die Drehgestelle samt Neigetechnik und Elektrik, Fiat Ferroviaria stellte im Auftrag der DWA die Rohbauten der Endwagen her. Die Endfertigung der Triebwagen erfolgte bei DWA/Bombardier in Ammendorf. Bei der DB erhielten die Fahrzeuge die Bauartnummer 605. Jeder der Züge besteht aus den Wagen 605^0, 605^1, 605^2 und 605^5.

Die Wagenkästen sind in Aluminium-Integralbauweise gefertigt. An den Enden sind stabile Rammkonstruktionen eingearbeitet. Die Reisenden gelangen durch Übergänge mit Wellenbälgen in die Nachbarwagen. An den Endwagen sind Stoßverzehrelemente und ein Unterfahrschutz integriert. Der Zugang erfolgt durch einflügelige Schiebetüren.

Die Drehgestelle der Bauart SF 600 von Siemens-SGP sind als offener H-Rahmen gestaltet und mit Schraubenfedern sowie parallelen hydrau-

Am 13. März 2016 steht 605 017 abfahrbereit in Hamburg Hbf. Ziel des Zugs ist Kopenhagen. Weil die Züge für die Dänischen Staatsbahnen im Einsatz waren, trugen sie ein Flügelrad an den Stirnfronten.

Hinter den Bugklappen verbergen sich automatische Kupplungen mit denen mehrere Züge zu einer Einheit gekuppelt werden konnten.

lischen Dämpfern bestückt. Der Wagenkasten liegt auf der oberen Traverse auf. Mit der unteren Traverse ist sie über Pendelträger und elektromechanische Stellglieder verbunden.

Unter jedem Wagen ist ein Cummins-Motor vom Typ QSK 19-R 750 aufgehängt. Er treibt einen Drehstromgenerator an, der seine elektrische Energie an Asynchron-Fahrmotoren in den Drehgestellen weiterleitet.

Die Sitze in den Großräumen sind in Reihen- und in Vis-à-vis-Bestuhlung angeordnet. Im 605[2] sind ein kleines Restaurant und das Zugführerabteil untergebracht. Das Fahrgastinformationssystem (FIS) ist unter anderem mit einer Lautsprecheranlage und Zugzielanzeigern ausgestattet.

Im April 1999 fanden im Prüfcenter in Wegberg-Wildenrath erste Probefahrten statt. Am 13. Februar 2000 stellte Zug 2 auf der Strecke Göttingen–Hannover mit einer Höchstgeschwindigkeit von 222 km/h einen neuen Weltrekord für Dieselfahrzeuge auf.

Technische Probleme erzwangen 2003 die Abstellung der Neige-ICE. Versuche, die Züge ins Ausland zu verkaufen, schlugen fehl. Zur Fußball-Weltmeisterschaft 2006 wurden einige Züge reaktiviert und im Sonderverkehr eingesetzt.

Danach wurden die Züge in Hamburg beheimatet und fuhren nach Dänemark. Dazu mussten sie an die dänischen Sicherheitsvorgaben angepasst werden. 2016 beendete die DB die Vermietung an die Dänischen Staatsbahnen (DSB) und bot ihr die Züge zum Kauf an. Die DSB lehnte das Angebot ab und seit Ende 2017 sind die 605 nicht mehr im Einsatz.

TECHNISCHE DATEN

Länge über Kupplung:
Zug (4-teilig) 106.700 mm
Endwagen 27.000 mm
Mittelwagen 25.000 mm

Radsatzfolge:
2'Bo'+Bo'2'+2'Bo'+Bo'2'

Treibraddurchmesser:
860 mm

Achsstand im Drehgestell:
2.600 mm

Gesamter Achsstand:
21.600 mm

Dienstmasse: 219 t

Höchstgeschwindigkeit:
200 km/h

Leistung: 4 x 560 kW

Motorbauart:
6-Zylinder-Dieselmotor
Drehstrom-Elektromotor

Leistungsübertragung:
elektrisch

Antrieb: Bogenzahnkupplung

Indienststellung: 2001

Die Züge mit Neigetechnik bestehen aus je zwei End- und zwei Mittelwagen, die alle angetrieben sind. So konnte die Höchstgeschwindigkeit auf 200 km/h festgesetzt werden (Hamburg Hbf, 11. Mai 2015).

BAUREIHE 609^0

LHB-Zweiteiler für Nebenbahnen

Der VT 2.56 der AKN gehört zur Ausführung VTA von 1993 mit nur einem Dieselmotor mit einer Leistung von 485 kW. Hier fährt der Zug mit einem weiteren Wagen in Hamburg Hbf ein.

Ab 1976 bot Linke-Hofmann-Busch (LHB) in Salzgitter einen zweiteiligen Triebwagen für den Einsatz auf Nebenbahnen an, denn in den 1970er-Jahren benötigte die Eisenbahn Altona-Kaltenkirchen-Neumünster (AKN) moderne Fahrzeuge für ihr Streckennetz nördlich von Hamburg. Ab 1976 lieferte der Hersteller 16 zweiteilige Triebwagen des Typs VTE mit je zwei Dieselmotoren an die AKN. Die als VT 2.31 bis VT 2.46 bezeichneten Fahrzeuge basieren auf den U-Bahn-Wagen des Typs DT 3 der Hamburger Hochbahn.

Zwischen August und Dezember 2015 musterte die AKN ihre VTE aus und bot sie zum Verkauf an. Zwei Züge kamen zur Ascherslebener Verkehrsgesellschaft in Egeln. VT 2.38 gehört dem Verein Nebenbahn Staßfurt–Egeln. VT 2.39 und 2.42 gingen an das Bayerische Eisenbahnmuseum in Nördlingen. Sie wurden im Sommer 2017 von der Regiobahn zwischen Düsseldorf und Mettmann genutzt.

Ab 1981 bot LHB auch eine Version mit nur einem Dieselmotor als VT/VS2E an. Wagen dieser Bauart kamen 1987 zur Frankfurt–Königsteiner Eisenbahn (FKE) und bekamen die Nummern 1 bis 8. Heute fahren sie für die Hessische Landesbahn (HLB). 1991 wurden zwölf weitere Wagen beschafft und unter den Nummern 11 bis 21 eingereiht. Sie sind für den Verkehrsverband Hochtaunus (VHT) unterwegs.

2006 und 2007 wurden die Wagen bei Bombardier in Berlin modernisiert und bekamen dabei eine neue Lüftungs- und Heizungsanlage mit Standheizung. Beim Einbau der neuen Sitze wurde der Fahrgastraum durch Trennscheiben transparenter gestaltet.

1993 beschaffte die AKN weitere 18 Triebwagen. Die moderneren VTA basieren auf dem VT2E. Bei der AKN wurden sie als VT 2.51 bis VT 2.68 eingereiht. VT 2.51 bis 57 und 2.68 bekamen Stromabnehmer für die

TECHNISCHE DATEN (VT2E)

Länge über Kupplung:
Zug (2-teilig) 32.620 mm
Endwagen 16.310 mm

Radsatzfolge: Bo'2'Bo'

Achsstand im Drehgestell:
Triebdrehgestell 2.100 mm
Jakobsdrehgest. 2.550 mm

Gesamter Achsstand:
27.020 mm

Dienstmasse: 51,9–55,5 t

Höchstgeschwindigkeit:
88–100 km/h

Leistung: 228–485 kW

Motorbauart:
6-Zylinder-Dieselmotor
Drehstrom-Elektromotor

Leistungsübertragung:
elektrisch

Indienststellung: 1976–1993

Der VT2E.1 A/B der Taunusbahn (TSB) kommt ebenfalls mit nur einem Dieselmotor aus, der einen Generator antreibt. Dieser liefert die Energie für die elektrischen Fahrmotoren (Frankfurt [Main]-Höchst).

Stromschiene der Hamburger S-Bahn und können als Hybridfahrzeuge eingesetzt werden. Alle Wagen wurden inzwischen mit neuen Zugzielanzeigern und LED-Rückleuchten ausgestattet.

Zweiachsige Triebdrehgestelle an den Wagenenden beschleunigen die VT. In der Mitte liegen beide Wagenhälften auf einem antriebslosen Jakobsdrehgestell auf. Vier Doppelschiebetüren auf jeder Längsseite ermöglichen einen schnellen Fahrgastwechsel. Die Stahlleichtbaukonstruktion des Wagenkastens ist von außen mit Edelstahlblechen verkleidet. Bei den älteren Wagen sind die Edelstahlbleche unter den Fenstern gesickt. Über eine Scharfenbergkupplung können mehrere Wagen mechanisch und elektrisch gekuppelt werden. Die Triebwagen haben eine Magnetschienenbremse, eine elektrische Widerstandsbremse und eine Federspeicherbremse.

Beim VT2E hat jede Hälfte eine unabhängige Antriebsanlage. Die MAN-Motoren leisten 228 kW. Sie sind mit einem Drehstromgenerator verbunden, der die Energie für die Gleichspannungs-Fahrmotoren in den Triebdrehgestellen liefert. Bei den VT/VS2E wurde auf einen Dieselmotor verzichtet. Diese Triebwagen haben einen Mercedes-Benz-Motor mit einer Leistung von 463 kW. Auch die VTA haben nur einen Motor. Hier wurden Cummins-Motoren mit einer Leistung von 485 kW verwendet.

Im Inneren befinden sich Großräume mit offenen Abteilen. Die zunächst mit Kunstleder bezogenen Sitze haben einen 2+2-Teiler und sind vis-à-vis aufgestellt. Querwände mit Drehtüren trennen die beiden Führerräume von den Fahrgasträumen ab.

Eine Vielfachsteuerung ermöglicht es, bis zu vier Einheiten zu einem Zug zusammenzukuppeln.

Bei den VTA der AKN treiben vier Drehstrom-Asynchronmotoren die Radsätze an. Bei den früheren Bauserien sind es Gleichstrommotoren mit Tatzlagerantrieb.

BAUREIHE 609^{1}

Aus Österreich: Der „Integral“

Die „Integral“-Züge des österreichischen Herstellers Integral Verkehrstechnik AG konnten sich in Deutschland nur bei der Bayerischen Oberlandbahn durchsetzen (609 112, München Hbf, 7. März 2016).

TECHNISCHE DATEN

Länge über Kupplung: Zug (5-teilig) 52.990 mm
Radsatzfolge: A'A'1'1'1'A'
Treibraddurchmesser: 840 mm
Achsstand: 4.700 mm
Gesamter Achsstand: 40.600 mm
Dienstmasse: 84,5 t
Höchstgeschwindigkeit: 160 km/h
Leistung: 3 x 315 kW
Motorbauart: 6-Zylinder-Dieselmotor
Leistungsübertragung: hydraulisch
Indienststellung: 1998

Der modular aufgebaute Glieder-Triebzug „Integral“ der Integral Verkehrstechnik AG in Jenbach (Österreich) konnte ein- oder doppelstöckig in unterschiedlichen Varianten geliefert werden. Außer unterschiedlichen Ausstattungen standen auch ein elektrischer Antrieb oder ein Dieselantrieb zur Auswahl. Ursprünglich sollte mit diesen Zügen die Wiener S-Bahn modernisiert werden. Dazu kam es aber nicht. Aus der gesamten Angebotspalette wurden nur 17 Fahrzeuge der Ausführung S5D95 für die Bayerische Oberlandbahn (BOB) gebaut.

Der Zug besteht aus zwei Endsegmenten mit Führerständen und zweiachsigen Laufwerken sowie aus einem, ebenfalls zweiachsigen Mittelsegment. Dazwischen können niederflurige, schwebende Elemente ohne Laufwerke eingereiht werden. Faltenbälge sichern die Übergänge zwischen den einzelnen Teilen.

Die luftgefederten Radsätze sind beweglich im Rahmen montiert und bilden ein virtuelles Drehgestell, in dem sie sich auf den Kurvenradius

Bis zu vier Züge lassen sich dank einer Mehrfachsteuerung von einem Führerpult aus bedienen.

Ein Triebwagen besteht aus zwei motorisierten Köpfen, einem nicht angetriebenen Mittelteil und zwei Segmenten ohne Radsätze, die sich auf den Köpfen und dem Mittelteil abstützen.

einstellen. Mit automatischen Scharfenberg-Mittelpufferkupplungen, die hinter geteilten Bugklappen verborgen sind, können bis zu vier Züge zu einer betrieblichen Einheit verbunden werden.

Die Kopfteile wurden wahlweise mit oder ohne Antrieb angeboten. Die Kunden konnten zudem entscheiden, ob nur ein Radsatz oder beide Radsätze eines Kopfteils angetrieben werden sollten. Die Züge der BOB haben drei MAN-Motoren vom Typ D2876 LUH mit jeweils 315 kW. In einem der Triebköpfe sind zwei der Motoren, der dritte ist im anderen Triebkopf. Jeder Motor treibt über ein hydraulisches Getriebe von Voith einen Radsatz an.

Die Triebwagen bieten 164 Reisenden der 2. Klasse und 14 Fahrgästen der 1. Klasse einen Sitzplatz. Dazu kommen 200 Stehplätze.

1999 gingen die Wagen bei der BOB in Betrieb. Allerdings traten bald nach der Inbetriebnahme so große Probleme mit dem Laufwerk auf, dass alle Züge abgestellt werden mussten und dem Hersteller zur Überarbeitung zurückgegeben wurden. 2001 gingen die Züge wieder in den Betrieb. Sie fahren auf den Strecken von München nach Bayrischzell, Tegernsee und Lenggries. Sie beginnen als drei- oder – im Berufsverkehr – vierteilige Einheiten in München Hbf und werden in Holzkirchen geflügelt. Der vordere Zugteil fährt weiter nach Bayrischzell, die anderen beiden fahren gemeinsam weiter nach Schaftlach, wo sie ebenfalls getrennt werden. Der vordere Teil fährt dann nach Lenggries, der hintere nach Tegernsee. Auf der Rückfahrt werden die Züge in umgekehrter Reihenfolge gekuppelt, sodass sie München wieder als Einheit erreichen.

609 117 ist der „Kinderlandzug" der Bayerischen Oberlandbahn. Hier fährt er zusammen mit einem weiteren „Integral" in München Hbf ein.

BAUREIHE 610

Der erste Pendolino

Die 20 Triebwagen der Baureihe 610 waren die ersten Fahrzeuge der Deutschen Bundesbahn mit aktiver Neigetechnik. Hier steht 610 010 in Schwandorf für den nächsten Einsatz bereit.

Um kürzere Fahrzeiten auf nicht ausgebauten Strecken zu erreichen, beschaffte die Deutsche Bundesbahn mit der Baureihe 610 erstmals Triebzüge mit Neigetechnik. Sie sollte ein schnelleres Durchfahren der Kurven ermöglichen. Vorbilder waren die italienischen Neitechzüge der Bauart „Pendolino" und der spanische „Talgo". 1992/93 übernahm die DB zwanzig zweiteilige Züge. Sie erhielten die Nummern 610 001/501 bis 610 020/520. MAN trat bei der Fertigung als Generalunternehmer auf, DUEWAG, ABB und Siemens waren mitbeteiligt.

Die gleisbogenabhängige Wagenkastensteuerung von Fiat bewegt bei Bogenfahrten den freischwingend aufgehängten Wagenkasten aus Aluminium-Pressprofilen. Beschleunigungsmesser und Sensoren erkennen Beginn und Ende der Kurven. Sie steuern Hydraulikzylinder, die die Kästen um maximal acht Grad nach links oder rechts neigen. Der Einstieg erfolgt durch vier einflügelige Schiebetüren je Wagenseite. Die beiden Wagenhälften sind über eine verschraubte Kurzkupplung mit Hydraulikfedern miteinander verbunden. Über automatische Mittelpufferkupplungen können mehrere Züge miteinander verbunden werden. Neben den Schraubenfedern sorgt eine pneumatisch aktive Querfederung zwischen

Die Zügen waren von Nürnberg und später von Hof aus nur im Nordosten Bayerns unterwegs. So verlässt eine Doppelgarnitur aus zwei Triebwagen Schwandorf in Richtung Osten.

den zweiachsigen Drehgestellen und dem Wagenkasten dafür, dass der Kasten mittig über den Drehgestellen bleibt.

Zwei 485 kW starke, wassergekühlte MTU-Dieselmotoren treiben die Wagen an. Beide Motoren sind mit Drehstrom-Synchrongeneratoren gekuppelt. Die Drehstromfahrmotoren treiben über Gelenkwellen und Radsatzgetriebe die innenliegenden Radsätze der drei motorisierten Drehgestelle an. Mit der Vielfachsteuerung können bis zu vier Triebzüge von einem Führerstand aus bedient werden. Die Induktive Zugsicherung (Indusi) wird durch eine Punktförmige Zugbeeinflussung ergänzt, die in Gleisbögen die zulässige Geschwindigkeit überprüft.

Die Fahrgasträume sind als offene Großräume ausgeführt. Etwa die Hälfte der Sitze ist in Reihe aufgestellt, die restlichen stehen sich gegenüber und bilden offene Abteile mit Klapptischen. Die Toilette befindet sich in der Mitte der Doppelwagen.

Die Züge wurden 1992 in Nürnberg beheimatet und übernahmen den Regionalverkehr nach Hof, Bayreuth, Schwandorf und Regensburg.

Im Februar 2005 ließ die DB die Neigetechnik stilllegen, weil der Hersteller einer neuen Software deren einwandfreie Funktion nicht garantieren konnte. Nach Behebung der Probleme liefen die Züge wieder ohne Beanstandungen.

Ende 2014 stellte DB die 610er wegen Ersatzteilmangel ab. Außerdem konnten frei gewordene Wagen der Baureihe 612 die Aufgaben der 610 übernehmen. DB-Tochter Arriva CZ hat 610 017 und 610 018 neu lackiert und plante, sie in Tschechien im Regionalverkehr einzusetzen.

610 011/511 steht inzwischen im DB Museum Koblenz, 610 012/512 kam zur IG Dampflok in Nossen.

610 011 gehört inzwischen zum DB-Museumsbestand in Koblenz. Dort entstand am 20. März 2015 diese Aufnahme.

TECHNISCHE DATEN
Länge über Kupplung: Zug (2-teilig) 51.750 mm Endwagen 25.875 mm
Radsatzfolge: 2'(A1)'+(1A)'(A1)'
Treibraddurchmesser: 890 mm
Achsstand im Drehgestell: 2.450 mm
Gesamter Achsstand: 19.950 mm
Dienstmasse: 95,4 t
Maximale Radsatzlast: 13,4 t
Höchstgeschwindigkeit: 160 km/h
Leistung: 2 x 485 kW
Motorbauart: 12-Zylinder-Dieselmotor Drehstrom-Elektromotor
Leistungsübertragung: elektrisch
Antrieb: Gelenkwellen, Radsatzgetriebe
Indienststellung: 1992–1993

610 519 wartet zusammen mit einem weiteren 610 im nächtlichen Nürnberger Hauptbahnhof auf Ausfahrt.

BAUREIHE 611

Mit elektronischer Neigetechnik

Im Gegensatz zur Baureihe 610 haben die 611er eine elektronische Neigetechnik und eine hydraulische Kraftübertragung für den Antrieb. Eine Doppeleinheit mit 611 547 an der Spitze fährt bei Stuttgart-Untertürkheim am 5. August 2014 nach Aulendorf.

Nach dem Erfolg der Baureihe 610 in Bayern wollten auch andere Bundesländer Züge mit Neigetechnik einsetzen. Dies führte zur Bestellung der Baureihe 611 bei Adtranz, die ab 1996 geliefert wurde. Die Züge tragen die Nummern 611 001/501 bis 611 050/550 und sind mit dem elektronisch gesteuerten Neigesystem „neicontrol E" ausgestattet.

Der Wagenkasten lehnt sich in seiner Konstruktion aus Leichtbau-Strangpressprofilen an die Baureihe 610 an. Zum Ein- und Aussteigen stehen vier Schiebetüren an den Enden und in der Mitte des Zuges zur Verfügung. Beide Wagenteile sind durch eine im Betrieb nicht lösbare Kupplung und einen Faltenbalgübergang verbunden. Mit automatischen Kupplungen der Bauart Scharfenberg können mehrere Züge zu einer Einheit verbunden werden. Die Drehgestelle sind mit Schraubenfedern und Luftfedern ausgestattet. Die beiden mittleren sind angetrieben.

Die Neigetechnik ist komplett in die Drehgestelle integriert und ermöglicht die Neigung des Wagenkastens um bis zu acht Grad. Sensoren erfassen die in den Gleisbögen auftretenden Kräfte und übermitteln sie

Im Planeinsatz waren bis zur vier Triebwagen zu Zügen gekuppelt (611 550, Friedrichshafen Stadt, 4. Juni 2017)

Bei den Triebwagen sind die beiden mittleren Drehgestelle angetrieben. An den Enden befinden sich nur antriebslose Lauf-Drehgestelle (611 011, Singen, 28. Mai 2016).

an die Neigeelektronik, die ihrerseits Stellmotoren anspricht. Diese übertragen ihr Drehmoment über ein Stirnradgetriebe und einen Spindelantrieb auf Gelenkhebel, die den Wagenkasten neigen.

Je Triebwagenhälfte ist ein Dieselmotor vom Typ 12 V 183 TD 13 schwingungsisoliert unterflur aufgehängt. Im Gegensatz zur elektrischen Kraftübertragung beim Vorgängermodell 610 wurde die bei der DB beliebtere hydraulische Kraftübertragung gewählt. Über ein Voith-Strömungsgetriebe mit Wandler-Kupplung und Gelenkwellen wird die Kraft auf die Achsgetriebe der Radsätze übertragen. Die Steuerung der Fahrzeuge erfolgt mit der elektronischen Leittechnik „Geatec II“. Sie verfügt über einen 32-Bit-Prozessor mit Multi-Bustechnik. Damit können bis zu vier Triebwagen von einem Führerstand aus bedient werden.

In den Wagen befinden sich offene Großräume mit Vis-à-vis- und Reihenbestuhlung. Die gepolsterten Sitze haben das blaue „RegionalBahn“-Design. Ein Leuchtenband an der Wagendecke sorgt für Helligkeit in den Innenräumen. Am Wagenende des 611^{5} ist das 1.-Klasse-Abteil zu finden.

Schon bald nach der Ablieferung führten Schwierigkeiten wie Anrisse in den Drehgestellen zu einem zeitweiligen Abnahme- und Einsatzstopp.

Nach vielen Anlaufschwierigkeiten sind die Triebwagen nun in Ulm beheimatet. Sie gehören der DB Regionalbahn Alb-Bodensee und werden als InterRegioExpress-Züge (IRE) oft in Doppel-, Dreifach- oder gar Vierfach-Traktion eingesetzt. Inzwischen befinden sich die Züge auf dem Rückzug, sollen in naher Zukunft ausgemustert werden und werden deshalb auch nicht mehr in das Baden-Württemberg-Design übernommen.

TECHNISCHE DATEN

Länge über Kupplung: Zug (2-teilig) 51.750 mm Endwagen 25.400 mm
Radsatzfolge: 2'B'+B'2'
Treibraddurchmesser: 890 mm
Achsstand im Drehgestell: 2.450 mm
Gesamter Achsstand: 19.950 mm
Dienstmasse: 116 t
Höchstgeschwindigkeit: 160 km/h
Leistung: 2 x 540 kW
Motorbauart: 12-Zylinder-V-Dieselmotor
Leistungsübertragung: hydraulisch
Antrieb: Gelenkwellen, Radsatzgetriebe
Indienststellung: 1997–1998

Die Züge gehören dem Regionalverkehr Alb-Bodensee (RAB). Sie sollen in nächster Zeit ausgemustert und durch Züge der Baureihe 612 ersetzt werden.

BAUREIHE 612

Der „RegioSwinger“

612 901 gehört DB Systemtechnik in Minden und wird ausschließlich zu Mess- und Versuchsfahrten genutzt. Am 11. November 2015 ist der Zug bei Stuttgart-Sommerrain unterwegs.

Basierend auf dem Vorgängermodell 611 wurde die Baureihe 612 als „RegioSwinger“ mit modifizierter Kopfform und Inneneinrichtung entwickelt. Für die Baureihe 612 wurde im Wesentlichen die Konstruktion des 611 übernommen. Neu sind jedoch die aus glasfaserverstärktem Kunststoff hergestellten Führerhäuser.

Moderne Leicht- und Integralbauweise dominiert die Struktur des zweiteiligen Zuges. Die Wagenkästen bestehen aus Aluminium-Groß-Strangpressprofilen. Die elektronische Neigeeinrichtung AEG-Neicontol-E von Adtranz ermöglicht das Neigen des Kastens um acht Grad in beide Richtungen. Bei Kurvenfahrten werden die Bewegungen der Drehgestelle von Sensoren erfasst und über eine Elektronik an die Stellmotoren weitergeleitet. Ein bürstenloser Servomotor überträgt sein Drehmoment über ein Stirnradgetriebe und einen linearen Spindelantrieb auf den Wagenkasten. Die Drehgestelle bestehen aus einem Hauptrahmen, der über pri-

Die Triebwagen für Baden-Württemberg werden aufgearbeitet, bekommen dabei eine neue Inneneinrichtung und Landesfarben. Als einer der ersten weißen Züge fährt 612 103 am 16. März 2017 aus Stuttgart Hbf aus.

Die Kemptener Wagen sind in Südbayern unterwegs und erreichen auch Ulm Hbf. Hier wartet 612 079 am 5. Juli 2017 auf Ausfahrt nach Oberstdorf.

märe und sekundäre Luftfedern mit dem Wagenkasten verbunden ist. Durch vier einfache Schwenkschiebetüren je Längsseite können die Reisenden ein- und aussteigen. Ein Faltenbalg sichert den Übergang zwischen den beiden Wagenteilen.

In jeder Wagenhälfte übernimmt ein direkt einspritzender, elektronisch geregelter Sechszylinder-Dieselmotor Bauart QSK R-19 750 mit Abgasturbolader und Ladeluftkühlung von Cummins den Antrieb. Ein Voith-Strömungsgetriebe der Bauart Tr 312 b überträgt das Drehmoment des Motors auf die mittleren Drehgestelle der Doppelwagen. Mit Ausnahme der Klimaeinrichtungen sind alle Aggregate unterflur angeordnet.

Die Wagen haben in beiden Klassen Großräume. Das 1.-Klasse-Abteil ist hinter dem Führerraum des 612^0 angeordnet. Der Mehrzweckraum ist am mittleren Ende des 612^0 untergebracht. Die festen Sitze sind sowohl in Reihe als auch vis-à-vis angeordnet und mit blauem Stoff bezogen. Längsgepäckablagen ergänzen die Ausstattung.

Die zu DB Regio gehörenden Wagen werden im schnellen Regionalverkehr von den Betriebshöfen Erfurt, Hof, Kassel, Kempten und Ulm eingesetzt. Die Ulmer Wagen gehören dem Regionalverkehr Alb-Bodensee (RAB). Sie bekommen eine neue Inneneinrichtung und den gelb-weiß-schwarzen Anstrich für Baden-Württemberg.

Der unter Regie und auf eigene Kosten von Adtranz entwickelte Prototyp 612 901/902 gehört der DB Systemtechnik Minden und wird in ganz Deutschland zur Erprobung neuer Komponenten verwendet.

TECHNISCHE DATEN

- Länge über Kupplung: Zug (2-teilig) 51.750 mm, Endwagen 25.400 mm
- Radsatzfolge: 2'B'+B'2'
- Treibraddurchmesser: 890 mm
- Achsstand im Drehgestell: 2.450 mm
- Gesamter Achsstand: 19.950 mm
- Dienstmasse: 108 t
- Höchstgeschwindigkeit: 160 km/h
- Leistung: 2 x 559 kW
- Motorbauart: 6-Zylinder-Dieselmotor
- Leistungsübertragung: hydrodynamisch
- Antrieb: Gelenkwellen, Radsatzgetriebe
- Indienststellung: 2000–2003

Die in Hof beheimateten Wagen kommen bis nach Dresden. Am 14. Juni 2015 hat 612 610 sein Ziel fast erreicht.

BAUREIHE 615

Der zweiteilige „Itino“

Die „Itino“ von Bombardier sind die größere Version der einteiligen RegioShuttle (RS 1, Baureihe 650). Die Aufnahme zeigt den 615 606 am 9. April 2015 in Hainstadt.

Um seinen Kunden auch einen größeren RegionalBahn-Triebwagen als den einteiligen RS 1 anbieten zu können, entwickelte Adtranz (heute Bombardier) die mehrteiligen Triebwagen Itino. Die Züge sind modular aufgebaut und können als zwei- oder dreiteilige Einheiten mit unterschiedlichen Antrieben und Ausstattungen bestellt werden. Der Hersteller bietet die Fahrzeuge sowohl mit dieselhydraulischem als auch mit dieselmechanischem Antrieb an.

Die Wagenkästen sind bis auf die Kopfteile aus Aluminiumprofilen gefertigt. Für die Führerräume wurde glasfaserverstärkter Kunststoff (GfK) verwendet. Ein Crashsystem soll Beschädigungen bei Aufstößen vermeiden. Dazu haben die Wagen Stoßverzehrelemente neben den automatischen Scharfenbergkupplungen. Bei Unfällen nehmen die Elemente Energie auf, indem sie sich verformen. Zwischen den beiden angetriebenen Enddrehgestellen laufen antriebslose Jakobsdrehgestelle auf die sich je zwei Wagenkästen abstützen.

In Erfurt treffen sich der Itino und ein RS 1 der Erfurter Eisenbahn. Hier werden die Unterschiede der beiden Baureihen deutlich.

615 201 ist der einzige Itino bei der Erfurter Bahn (EIB). Er war der erste Itino bei einer deutschen Privatbahn.

TECHNISCHE DATEN
Länge über Kupplung: Zug (2-teilig) 39.470 mm Endwagen 25.400 mm
Radsatzfolge: B'2'B'
Achsstand im Drehgestell: Triebdrehgestell 2.100 mm Laufdrehgestell 2.700 mm
Dienstmasse: 77 t
Höchstgeschwindigkeit: 140 km/h
Leistung: 2 x 500 kW
Motorbauart: 12-Zylinder-Dieselmotor
Leistungsübertragung: hydraulisch
Antrieb: Gelenkwellen, Radsatzgetriebe
Indienststellung: seit 2004

Außer der elektropneumatischen Bremse haben die Fahrzeuge einen Retarder, der in das Getriebe integriert ist. Beide Bremssysteme werden über einen Rechner koordiniert, der die optimale Bremsleistung ermittelt. Er bevorzugt die verschleißfreie Retarder-Bremse und schaltet erst bei höheren Bremskräften die pneumatische Bremse zu.

Bis zum Baujahr 2006 wurden Zwölfzylinder-MAN-Motoren vom Typ D 2842 LE 607 mit einer Leistung von 500 kW eingesetzt. 2008 wechselte man zum Achtzylinder-Motor Typ Vector 8 von Fiat Powertrain Technologies mit einer Leistung von 560 kW. Die Züge bekamen zunächst ein Voith Turbogetriebe vom Typ T212. Es gibt sie aber auch mit dem Schaltgetriebe Ecolife von ZF Friedrichshafen. Über Dachkühlanlagen wird die Abwärme der Antriebsanlagen abgeführt.

Die Innenräume sind klimatisiert. Zwischen den Einstiegsräumen sind die Züge niederflurig ausgeführt. Hier sind die rollstuhlgerechten Plätze und die behindertengerechte Toilette untergebracht. Über den angetriebenen Enddrehgestellen musste der Boden höher ausgeführt werden.

Der 615 201 war der erste Itino in Deutschland. Er gehört der Erfurter Bahn (EIB), die ihn zusammen mit Regio Shuttle auf den Strecken zwischen Erfurt, Kassel und Ilmenau einsetzt. Die Triebwagen 615 101 bis 126 fahren für die Vias GmbH. Seit Dezember 2005 werden die ersten 22 Triebwagen im Plandienst eingesetzt. Die restlichen vier folgten im März 2010. Die Züge sind im Odenwald auf den Strecken Eberbach–Darmstadt–Frankfurt (Main) und Wiebelsbach–Frankfurt (Main) unterwegs. 24 zweiteilige und sechs dreiteilige Itino werden zur Zeit in Schweden von der Tåg i Bergslagen eingesetzt.

Mit 26 Triebwagen der Baureihe 615 bedient Vias den Regionalverkehr rund um den Odenwald (615 610, Hanau, 10. Juli 2015).

BAUREIHE 620, 621, 622

„LINT 54" und „LINT 81" von Alstom

Zur neuesten Ausführung der LINT-Triebwagen von Alstom gehören die dreiteiligen, über 80 Meter langen Dieseltriebwagen der Baureihe 620/621. Auf einer Dienstfahrt erreicht 620 001 am 26. Juni 2015 Köln Hbf.

Neueste Ausführungen der von Alstom Transport in Salzgitter gebauten Dieseltriebwagen der „LINT"-Familie (LINT = Leichter Innovativer Nahverkehrstriebwagen) sind die zweiteiligen Wagen LINT 54 (Baureihe 622) und die dreiteiligen LINT 81 (Baureihen 620/621). Die Züge bauen auf den bewährten Ausführungen LINT 27 (Baureihe 640) und LINT 41 (Baureihe 648) auf und unterscheiden sich von diesen vor allem durch eine neue, crashoptimierte Front. Außerdem wurden nach den Vorgaben der EU-Norm TSI die Barriere- und die Beinfreiheit erhöht. Der Brandschutz musste ebenfalls verbessert werden.

Im Gegensatz zu den früheren Ausführungen wurde hier auf Jakobsdrehgestelle verzichtet, alle Wagen haben zwei Drehgestelle. Bei den LINT 54 sind drei Drehgestelle angetrieben, bei den LINT 81 vier. Jedes Drehgestell bildet mit einem Motor von Daimler mit Turbolader und angeschlossenem Wandlergetriebe von MTU eine eigene Antriebseinheit. Bei Bedarf können die Triebwagen auch mit einer ausgeschalteten Antriebsanlage eingesetzt werden, was den Kraftstoffverbrauch reduziert.

Die Mittelwagen der LINT 81 sind ebenfalls angetrieben und werden deshalb als Baureihe 621 bezeichnet (621 038, Köln-Deutz, 3. August 2015).

Am 20. März 2015 steht 620 910 in Bad Sobernheim. Er wird von der Vlexx GmbH, einer Tochtergesellschaft der Regentalbahn, auf dem Dieselnetz Südwest eingesetzt.

Durch die automatischen Kupplungen der Bauart Scharfenberg lassen sich Zugverbände bilden, bei denen bis zu drei Einheiten gemeinsam gesteuert werden. Als Bremsen wurden druckluftbetätigte Scheibenbremsen eingebaut. Zusätzlich ist an jedem Triebdrehgestell eine Magnetschienenbremse montiert. Als Feststellbremse dient eine Federspeicherbremse.

Der Wagenkasten ist als verwindungssteife Röhre aus Stahlprofilen hergestellt, die von außen beblecht ist. Er stützt sich über Gummi-Konusfedern mit Schwingungsdämpfern auf die verwindungsweichen Rahmen der Drehgestelle ab. Die Seitenfenster, für die Verbund-Sicherheitsglas verwendet wurde, sind von außen in die Wände eingeklebt. Die Innenwände sind mit Kunststoff-Formteilen verkleidet.

Je nach den Wünschen der Kunden lassen sich die Innenräume flexibel einrichten. Die DB hat sich für eine Version mit 300 Sitzplätzen im LINT 81 und 180 Plätzen im LINT 54 entschieden. Einige davon sind Klappsitze. Die Einzelsitze stammen von der Franz Kiel GmbH in Nördlingen. Sitzpolster und Rückenlehnen sind mit blauem Stoff bezogen, im Kopfbereich wurde schwarzes Kunstleder verwendet. Je zwei 1,30 Meter breite Schwenkschiebetüren pro Seite und Zugteil ermöglichen einen schnellen Fahrgastwechsel. Damit sich Reisende durch schließende Türen nicht verletzen, sind Lichtgitter und Kontaktleisten montiert; zudem weisen optische und akustische Signale auf das Schließen der Türen hin. Um den Abstand zum Bahnsteig zu verringern bzw. das Ein- und Aussteigen

TECHNISCHE DATEN 620

Radsatzfolge: B'2'+'B'2'+B'B'
Länge über Kupplung: (Zug) 80.920 mm
Dienstmasse: (Zug) 138 t
Antrieb: mechanisch
Nennleistung: 4 x 390 = 1.560 kW
Höchstgeschwindigkeit: 140 km/h
Indienststellung: seit 2011

Erixx setzt seine LINT 54 (Baureihe 622) auf dem Dieselnetz Niedersachsen-Südost ein. Die Wagen haben nur zwei Antriebsanlagen und 157 Sitzplätze (622 203, Hannover Hbf, 6. August 2015).

Außer den langen LINT 81 hat die Vlexx GmbH auch die kürzeren Züge vom Typ LINT 54 (Baureihe 622) im Bestand. Sie werden zusammen mit den LINT 81 eingesetzt. Hier steht 622 914 am 11. März 2015 in Alzey.

TECHNISCHE DATEN 622
Radsatzfolge: B'2'+B'B'
Länge über Kupplung: (Zug) 54.270 mm
Dienstmasse: (Zug) 98 t
Antrieb: mechanisch
Nennleistung: 3 x 390 = 1.170 kW
Höchstgeschwindigkeit: 140 km/h
Indienststellung: seit 2011

an niedrigen Bahnsteigen zu vereinfachen, sind unter den Türen bewegliche Schiebetrittstufen montiert. Vom Zugpersonal zu bedienende Rampen erleichtern das Ein- und Aussteigen für Rollstuhlfahrer. Zwischen den beiden Türen befindet sich ein Niederflurbereich mit Mehrzweckräumen und Klappsitzen sowie barrierefreien Toiletten. Zudem können hier Fahrkarten- oder Snackautomaten eingebaut werden.

Mit einem Fahrgastinformationssystem, einer Videoüberwachungsanlage und Audiosystemen lässt sich die Ausstattung der Innenräume ergänzen. Die beiden Führerräume und die Fahrgasträume lassen sich voneinander unabhängig durch eigene Klimaanlagen, die auf den Dächern montiert sind, temperieren. Zum Heizen der Räume wird die Abwärme der Dieselmotoren genutzt. Reicht diese nicht aus, werden dieselbetriebene Zusatzheizgeräte zugeschaltet.

Die dreiteiligen Triebwagen der Baureihen 620/621 und die Zweiteiler 622 001/501 bis 622 018/518 sind in Köln beheimatet. Von dort aus werden sie auf den Linien RE 12 (Köln–Trier), RE 22 (Köln–Gerolstein), RB 24 (Köln–Kall/Gerolstein), RB 23 (Bonn–Bad Münstereifel), RB 25 (Köln–Meinerzhagen) und RB 30 (Bonn–Ahrbrück) unter dem Markennamen „vareo“ eingesetzt. Dieser Name setzt sich aus den Anfangsbuchstaben der Landschaften des „Kölner Dieselnetzes“ zusammen. So steht „v“ für Voreifel, „a“ für Ahrtal, „r“ für Rhein, „e“ für Eifel und „o“ für Oberbergisches Land und Oberes Volmetal.

Der 622 906 von Vlexx war am 2. September 2017 aushilfsweise auf der RE 1 zwischen Görlitz und Dresden unterwegs. Dort entstand auch diese Aufnahme.

Die Aufschrift „vareo“ setzt sich aus den Anfangsbuchstaben der Landschaften des „Kölner Dieselnetzes“ zusammen. So steht „v“ für Voreifel, „a“ für Ahrtal, „r“ für Rhein, „e“ für Eifel und „o“ für Oberbergisches Land und Oberes Volmetal (622 517, Köln-Deutz, 24. Juli 2014).

Um die Kapazität zu steigern, hat die DB zusätzlich neun motorisierte Mittelwagen bestellt, mit denen LINT 54 zu LINT 81 verlängert wurden. Der Umbau war im September 2016 abgeschlossen.

Die 622 021/521 bis 622 044/544 und die 623 001/501 bis 623 014/514 sind in Ludwigshafen beheimatet und auf den Linien RB 35 (Worms–Alzey–Bingen), RB 45 (Neustadt–Bad Dürkheim–Freinsheim–Grünstadt–Monsheim), RB 46 (Frankenthal–Freinsheim–Grünstadt–Ramsen), RB 62 (Worms–Biblis) und RB 63 (Worms–Bensheim) unterwegs. Die Wagen aus Rheinland-Pfalz unterscheiden sich beim Anstrich von den übrigen LINT. Sie sind grau lackiert und haben rote Köpfe.

Auf den Linien RE 10, RB 32, RB 42, RB 43, und RB 47 des Dieselnetzes in Niedersachsen/Bremen setzt Erixx seit Dezember 2014 28 Triebwagen ein. Diese Züge haben nur zwei Antriebsanlagen (Radsatzfolge B’2’+2’B’) und nur 157 Sitzplätze.

Die AKN Eisenbahn bestellte 14 Züge, die seit Dezember 2015 auf der Stammstrecke A 1 zwischen Hamburg und Neumünster unterwegs sind.

Seit Dezember 2014 bzw. Dezember 2015 werden einige RE-Linien im Dieselnetz Südwest in Rheinland-Pfalz und dem Saarland von der Vlexx GmbH, einer Tochtergesellschaft der Regentalbahn, betrieben.

Im September 2012 bestellte die Netinera 63 LINT-Triebzüge für Verbindungen zwischen Frankfurt (Main) und Saarbrücken sowie zwischen Koblenz und Kaiserslautern.

622 022 gehört DB Regio Südwest. Er ist in Ludwigshafen beheimatet und wird von Kaiserslautern aus in der Pfalz eingesetzt.

Der iLINT 54 entstand in Zusammenarbeit zwischen Alstom und dem Deutschen Zentrum für Luft- und Raumfahrt. Bei ihm wird Wasserstoff in Brennstoffzellen in elektrische Energie umgewandelt. Der Zug trägt die Nummer 654 101.

Für die Linie RB 62 zwischen Itzehoe und Heide beschaffte die Regionalbahn Schleswig-Holstein drei LINT 54 Triebwagen. Sie fahren im grünen Anstrich der NAH.SH.

In Baden-Württemberg sind LINT-Triebwagen ab Juni 2019 für die Strecken von Ulm nach Aalen, Langenau und Munderkingen vorgesehen. Sie bekommen den weiß/gelb/schwarzen Landesanstrich.

Die Hohenzollerische Landesbahn wird Dieseltriebwagen des Typs LINT 54 einsetzen. Die Fahrzeuge werden eine Einstiegshöhe von 55 cm haben. Außerdem werden in jedem Fahrzeug 18 Fahrradstellplätze vorhanden sein.

Zusammen mit dem Deutschen Zentrum für Luft- und Raumfahrt entwickelte Alstom auf Basis des LINT 54 den mit Brennstoffzellen angetriebenen „iLint". Bei dieser Technik wird Wasserstoff in Brennstoffzellen in elektrische Energie umgewandelt, die zum Antrieb der Elektromotoren der Züge dient. Der Wasserstoff wird auf dem Dach mitgeführt. Die übrige Antriebstechnik nutzt den Platz der ehemaligen Dieseltechnik.

Im März 2017 fanden die ersten Probefahrten statt und ab 2018 sollen zwei Wagen für die Eisenbahnen und Verkehrsbetriebe Elbe-Weser in einen Probebetrieb gehen. Später sollen hier einmal 14 Züge fahren.

Blick in den Innenraum des neuen iLINT 54 mit der Nummer 654 101.

BAUREIHE 626

Für Privatbahnen entworfen

Mit den vierachsigen Dieseltriebwagen der Bauart NE 81 konnte ab 1981 der dringende Bedarf an Fahrzeugen für den Einsatz auf Nebenstrecken privater EVU gedeckt werden. DUEWAG und die Waggon-Union entwickelten Ende der 1970er-Jahre den Dieseltriebwagen für den Einmannbetrieb. Ab 1981 wurden in vier Serien insgesamt 26 Triebwagen, drei Beiwagen und 14 Steuerwagen hergestellt.

Die zweite Serie unterscheidet sich unter anderem durch ihre modifizierte Form mit kleinerer Frontscheibe und neuen Scheinwerfern von den Vorgängern. In die ab 1993 gebauten Wagen wurden zudem andere Sitze eingebaut. Die Höchstgeschwindigkeit konnte auf 100 km/h angehoben werden. Die letzten NE 81 wurden 1995 von ABB Henschel ausgeliefert, nachdem das Unternehmen die Waggon-Union übernommen hatte.

Der elektrisch verschweißte Wagenkasten besteht aus einer von außen beblechten Stahlkonstruktion in Profil-Bauweise. Weil sich die Konstruktion der Wagen stark an die von Straßen-Omnibussen anlehnt, konnten zahlreiche Bauteile wie Motoren, Türen und Fenster aus dem Omnibusbau übernommen werden.

Die Wagen der ersten Serie haben zwei MAN-Motoren mit einer Leistung von je 200 kW. Alle vier Achsen sind angetrieben. Damit können die Fahrzeuge in der Ebene eine Anhängelast von 400 t befördern. Bei

Auf der Wieslauftalbahn zwischen Schorndorf und Rudersberg setzt die WEG noch NE 81 ein.

TECHNISCHE DATEN
Länge über Puffer: 23.894 mm
Radsatzfolge: B'B'
Treibraddurchmesser: 900 mm
Achsstand im Drehgestell: 2.200 mm
Gesamter Achsstand: 17.300 mm
Dienstmasse: 39 t
Höchstgeschwindigkeit: 80 [1], 100 [2] km/h
Leistung: 2 x 200 [1], 2 x 250 [2] kW
Leistungsübertragung: hydrodynamisch
Antrieb: Gelenkwellen, Radsatzgetriebe
Indienststellung: 1981–1995
[1] 1. Bauserie, [2] 2. Bauserie

Für den Schülerverkehr auf der Kaiserstuhlbahn hält die SWEG noch die VT 125 bis VT 130 vor. Hier steht VT 125 im Betriebswerk in Endingen.

Im Ausflugs- und Schülerverkehr nutzt die HzL noch die VT 41, VT 42, VT43 und VS 16. Mit dem Fahrradtransportwagen in der Mitte sind zwei VT am 29. Mai 2014 auf der Donautalbahn unterwegs.

den NE 81 der zweiten Serie wurde die Leistung auf 2 x 250 kW gesteigert. Das Innere ist als Großraum mit offenen Abteilen und Reihensitzen in 2+2-Anordnung ausgeführt. Weil die Wagen für den Einmannbetrieb vorgesehen sind, wurden die Führerstände nicht vom Fahrgastraum abgetrennt. So kann der Fahrer den Fahrgastraum überwachen und Fahrkarten verkaufen. Eine Glaswand mit Pendeltür trennt den Fahrgastraum in ein Nichtraucher- und ein Raucherabteil. Einige Triebwagen sind mit einem geschlossenen WC-System ausgestattet. Die übrigen wurden ohne Toiletten geliefert. Einige EVU stellten Fahrkartenautomaten in ihren Wagen auf.

Die NE 81 können zusammen mit Bei- und Steuerwagen oder in Mehrfachtraktion eingesetzt werden. Wegen ihrer starken Motorisierung eignen sie sich auch als Schlepptriebwagen im leichten Güterzugdienst.

Im Herbst 2006 übernahm die Westfrankenbahn, eine Tochter von DB Regio, drei Trieb- und zwei Steuerwagen von der Kahlgrund Verkehrs-GmbH und reihte sie als Triebwagen 626 981 (ex VT 81) und 982 (ex VT 82) sowie als Steuerwagen 926 983 (ex VS 183) und 984 (ex VS 184) in ihren Bestand ein. 2010 wurden die Wagen ausgemustert und in Schöllkrippen abgestellt, später gingen sie an die HWB Verkehrsgesellschaft mbH über. Der Triebwagen der VT 80 ist nun in Hermeskeil zu Hause.

Außer bei der DB waren 2010 bei folgenden privaten EVU noch Fahrzeuge der Bauart NE 81 im Bestand: SWEG, HzL, WEG, RBG und NOB.

Die Schwäbische Alb-Bahn setzt ihre Triebwagen auf der Strecke zwischen Münsingen und Kleinengstingen ein. Hier ist der VT 411 allerdings bei Stuttgart-Bad Cannstatt unterwegs.

BAUREIHE 627^{1}

Der Jenbacher (5047)

Der T4 der NEG stammt von den Jenbacher Werken in Österreich. Er ist als 0627 103 zwischen Niebüll und Dagebüll unterwegs.

In den 1990er-Jahren waren die Nordfriesischen Verkehrsbetriebe (NEG) auf der Suche nach einem modernen Triebwagen mit dem sie den Betrieb auf ihrer Verbindung zwischen Niebüll und Dagebüll bei geringerem Fahrgastaufkommen effizienter gestalten wollten. Der Triebwagen sollte aber so viel Leistung haben, dass bei Bedarf auch Reisezug- oder Güterwagen mitgenommen werden konnten.

Weil man bei deutschen Herstellen nicht fündig wurde, bestellten die NEG bei den Jenbacher Werken einen einteiligen, vierachsigen Triebwagen, der schon seit 1987 für die Österreichischen Bundesbahnen (ÖBB) gebaut und dort als Reihe 5047 geführt wurde. Sie übernahm den Wagen 1995 und reihte ihn als T4 in ihren Bestand ein.

Um den kompletten Fahrgastraum frei zu halten, sind alle Aggregate unterflur aufgehängt. Dazu gehört ein Zwölfzylinder-Viertakt-Dieselmotor mit einer Leistung von 419 kW. Er treibt über ein hydrodynamisches Zweiwandler-Getriebe und Achsgetriebe zwei Radsätze eines Drehgestells an. Das andere Drehgestell ist nur ein Laufgestell. Beide Drehgestelle haben Luft- und Gummifedern, für einen möglichst hohen Fahrkomfort.

Der Innenraum ist als Großraum ausgeführt, an dessen beiden Enden Führerstandeinrichtungen vorhanden sind. An den Wagenenden befinden sich auch die vier Einstiegstüren, so kann der Fahrzeugführer bei Bedarf auch Fahrkarten an die Fahrgäste verkaufen. Die unterste Stufe der Schwenkschiebetüren hat nur eine Höhe von 420 mm über der Schienenoberkante und ermöglicht so ein bequemes Ein- und Aussteigen auch bei niedrigen Bahnsteigen. Direkt hinter dem Führerstand schließt sich ein Mehrzweckbereich mit Klappsitzen an den Seitenwänden an. Eine Toilette mit geschlossenem System ist ebenfalls vorhanden.

TECHNISCHE DATEN

Länge über Puffer: 25.420 mm

Radsatzfolge: 2'B'

Treibraddurchmesser: 840 mm

Achsstand im Drehgestell: 2.000 mm

Gesamter Achsstand: 18.600 mm

Dienstmasse: 47 t

Höchstgeschwindigkeit: 120 km/h

Leistung: 419 kW

Leistungsübertragung: hydrodynamisch

Antrieb: Gelenkwellen, Radsatzgetriebe

Indienststellung: 1995

BAUREIHE 628, 629

Der neue Nebenbahnretter

Mit den Triebwagen der Baureihe 628 stellte die Deutsche Bundesbahn Mitte der 1980er-Jahre einen modernen zweiteiligen Triebwagen in Dienst, mit dem sie ihre alten Schienenbusse der Baureihen 796 bis 798 ablösen wollte. 628 456 steht abfahrbereit in Luxembourg.

Ab 1986 beschaffte die DB nach zwei Vorserien eine Großserie zweiteiliger Dieseltriebwagen für den Nahverkehr. DUEWAG, LHB und MBB traten bis 1989 als Lieferanten der 150 zweiteiligen Züge auf, die mit den Nummern 628/928 201 bis 628/928 350 in den Bestand eingereiht wurden. Wegen der vielseitigen Einsatzmöglichkeiten des 628 bestellte die DB weitere Fahrzeuge, die mit geringen Änderungen als Baureihe 628^4 in den Bestand übernommen wurden. Zwischen 1992 und 1996 verließen in mehreren Bauserien noch einmal 309 Züge die Werke von AEG, DUEWAG und LHB. Sie erhielten die Betriebsnummern 628/928 401 bis 628/928 705 sowie 628^9/629.

Die Wagenkästen in Leichtbauweise stützen sich über Luftfederbälge auf die Drehgestelle der Bauart Wegmann ab. An beiden Zugenden sind normale Schraubenkupplungen und Seitenpuffer montiert. Durch den Einbau eines Faltenbalgs wurde die Durchgangsbreite zwischen den beiden Wagen vergrößert. Von den 628^2 unterscheiden sich die 628^4 durch den vergrößerten, zweitürigen Einstiegsraum am Kurzkupplungsende und durch Unterfahrbleche unter den Puffern.

Auch einige Privatbahnen haben Triebwagen der Baureihe 628 im Bestand, dazu gehört die VT 51 der Westerwaldbahn des Kreises Altenkirchen. Die Aufnahme zeigt ihn in Betzdorf.

Um auch größere Steigungen bewältigen zu können, gibt es Züge mit zwei Motoren. Sie werden als Baureihe 628^9/629 geführt. 629 340 wartet in Ulm auf Ausfahrt.

Technisch konnte die Konzeption des 628^1 größtenteils übernommen werden. Der Antrieb erfolgt vom Zwölfzylinder-Dieselmotor über eine Gelenkwelle und ein Zweiwandler-Getriebe auf die beiden Achsen des hinteren Drehgestells. Die Technik des 628^4 unterscheidet sich wenig vom 628^2. Es wurde nur ein anderes Getriebe eingebaut.

Die Innenräume sind als Großräume mit offenen Abteilen und einer 2+2-Sitzaufteilung eingerichtet. Außerdem wurde eine Toilette eingebaut und ein Traglastenabteil abgetrennt.

Die Züge 628 405 bis 408 wurden nicht an die DB, sondern an die Eisenbahnen und Verkehrsbetriebe Elbe-Weser übergeben. Die Züge 628 505 und 506 sind im Besitz der Luxemburgischen Staatseisenbahnen (CFL) und werden von der DB grenzüberschreitend eingesetzt. 628 679 und 680 gehören den rumänischen Eisenbahnen CFR.

Der Regionalbahn Alb-Bodensee wurden die in Ulm beheimateten 628 333 bis 350 zugeordnet. Zur Kurhessenbahn gehören die in Kassel beheimateten 628 223, 225 bis 228, 235, 250, 252, 255, 419, 429 und 436. Die in Mühldorf beheimateten Triebwagen wurden von der SüdostBayernBahn übernommen. Die Triebwagen der Westfrankenbahn sind in Aschaffenburg beheimatet, werden aber in Schöllkrippen unterhalten.

Für den Einsatz auf den Steilstrecken entstanden Triebwagen mit je zwei Maschinenanlagen, also mit doppelter Leistung. Sie werden als Baureihe 628^9/629 geführt. Zudem wurden einfach zwei Motorwagen gekuppelt und die zugehörigen Steuerwagen abgestellt.

TECHNISCHE DATEN

Länge über Puffer:
Zug (2-teilig)
45.400; 46.400 [1)] mm
Endwagen
22.700; 23.200 [1)] mm

Radsatzfolge:
2'B'+2'2'; 2'B'+B'2' [2)]

Treibraddurchmesser:
760 mm

Achsstand im Drehgestell:
1.900 mm

Gesamter Achsstand:
17.000 mm

Dienstmasse:
66,9; 69,9 [1)]; 84 [2)] t

Höchstgeschwindigkeit:
120 km/h

Leistung:
410; 485 [1)]; 2 x 485 [2)] kW

Motorbauart:
12-Zylinder-Dieselmotor

Leistungsübertragung:
hydraulisch

Antrieb: Gelenkwellen, Radsatzgetriebe

Indienststellung: 1987–1995

[1)] Baureihe 628^4 ff
[2)] Baureihe 628^9/629

Für den Shuttle-Service nach Sylt hat DB Fernverkehr elf neu lackierte 628^4 im Einsatz.

BAUREIHE 631–633

Der Pesa-Hai

Die Dreiteiler der Baureihe 633 sind die große Ausführung in der Pesa seine „Link"-Züge anbietet. Von dieser Ausführung hat DB Regio 34 Exemplare vorgesehen.

Die Deutsche Bahn unterzeichnete im Jahr 2012 einen Rahmenvertrag mit dem polnischen Fahrzeughersteller Pesa über die Lieferung von bis zu 470 modernen Dieseltriebwagen in unterschiedlichen Ausführungen (Link I bis Link III). Die ein- bis dreiteiligen Züge sollten unter anderem im Sauerland, im Allgäu und auf der Dreieichbahn im Rhein-Main-Gebiet eingesetzt werden.

2012 hat die Bahn je einen einteiligen und einen dreiteiligen Zug bestellt. Der einteilige Zug wurde 2014 auf der Innotrans in Berlin gezeigt. Die Zulassung der zweiteiligen Variante sollte im Rahmen des Auftrags für die Oberpfalzbahn erfolgen. Sie hatte zwölf Fahrzeuge bestellt, die von Juli bis September 2014 geliefert werden und ab Dezember 2014 auf der Strecke von Regensburg nach Schirnding eingesetzt werden sollten.

Von der einteiligen Baureihe 631 hat die DB bis jetzt nur einen Probewagen. Zur Ablösung alter Triebwagen sind nur zwei- und dreiteilige Züge vorgesehen.

Die Züge der Baureihe 633 sind für das Sauerland-Netz, die Dreieichbahn und das Dieselnetz im Allgäu vorgesehen.

Bei den Messfahrten für die Zulassung zeigte sich, dass das deutsche Lichtraumprofil um wenige Millimeter überschritten wird, sodass die Zulassung verweigert wurde. Daraufhin stornierte die Regentalbahn den Auftrag und gab schon gelieferte Fahrzeuge an den Hersteller zurück. Dieser verkaufte die Triebwagen inzwischen an polnische Kunden.

Auch bei der DB ist noch keiner dieser Triebwagen im Einsatz. Vorgesehen waren die Züge für das Sauerland-Netz (20 x 632 + 16 x 633), die Dreieichbahn (2 x 632 + 7 x 633) und das Dieselnetz im Allgäu (26 x 633).

Die Triebwagen können mit Dieselmotoren mit einer Leistung von 390 kW oder 565 kW geliefert werden. Die Motoren entsprechen der Abgasnorm Stufe IIIb. Die einteiligen Züge kommen mit einer Maschinenanlage aus, die Mehrteiler haben zwei Antriebe. Der Motor treibt beide Radsätze der Enddrehgestelle an. Zwischen den Wagenteilen befinden sich nicht angetriebene Jakobsdrehgestelle. Die Einrichtung zur Mehrfachtraktion und Frontkupplungen erlauben die gemeinsame Steuerung von bis zu drei Zügen.

Der Innenraum ist im Mittelteil niederflurig, an den Enden der Züge ist der Fußboden höher. Die Bodenhöhe des Niederflurbereichs kann je nach Bahnsteighöhe variabel bestellt werden. Die Fahrzeuge bekommen Mehrzweckabteile und Rampen für Rollstuhlfahrer sowie behindertengerechte Toiletten. Innen- und Außenlautsprecher informieren die Fahrgäste.

TECHNISCHE DATEN

Radsatzfolge:
Baureihe 631: B'2'
Baureihe 632: B'2'B'
Baureihe 633: B'2'2'B'

Länge über Kupplung:
Baureihe 631: 28.650 mm
Baureihe 632: 43.730 mm
Baureihe 633: 57.130 mm

Achsstand im Drehgestell:
2.400 mm

Antrieb: hydraulisch

Nennleistung:
Baureihe 631: 565 kW
Baureihe 632: 2 x 390 = 780 kW
Baur. 633: 2 x 565 = 1.130 kW

Höchstgeschwindigkeit:
140 km/h

Die Niederbarnimer Eisenbahn setzt ihre zweiteiligen Wagen bevorzugt auf der RB-Linie 26 zwischen Berlin und Kostrzyn ein. Am 4. Mai 2018 steht 632 526 in Berlin-Lichtenberg.

BAUREIHE 640

Der kleinste „LINT"

Die einteiligen Dieseltriebwagen „LINT 27" (Baureihe 640) sind die kleinste Ausführung der von Alstom angebotenen LINT-Familie. Hier zeigt sich 640 004 in Siegen.

TECHNISCHE DATEN

Länge über Kupplung:	27.260 mm
Radsatzfolge:	B'2'
Treibraddurchmesser:	770 mm
Achsstand im Drehgestell:	1.900 mm
Gesamter Achsstand:	20.350 mm
Dienstmasse:	40,9 t
Maximale Radsatzlast:	14,7 t
Höchstgeschwindigkeit:	120 km/h
Leistung:	315 kW
Motorbauart:	6-Zylinder-Dieselmotor
Leistungsübertragung:	hydrodynamisch
Antrieb:	Gelenkwelle, Radsatzgetriebe
Indienststellung:	2000–2001

Die einteiligen Triebwagen der Baureihe 640 („LINT 27") gehören zu den neueren Regional- und Nahverkehrstriebwagen der DB. Sie entstanden bei Alstom-LHB im niedersächsischen Salzgitter. Das Fahrzeug für Nebenstrecken wurde aus dem Leichttriebwagenkonzept „LINT" (**L**eichter **I**nnovativer **N**ahverkehrs-**T**riebwagen) – einem Baukastensystem für ein- und zweiteilige Leichttriebwagen, letztere als Gelenk- oder Doppeltriebwagen – abgeleitet. In den Jahren 2000 und 2001 gingen bei der DB 30 Triebwagen als Baureihe 640 in Betrieb. 2004 kamen zehn einteilige „LINT 27" zur Vectus-Verkehrsgesellschaft. Veolia Verkehr Sachsen-Anhalt nahm sieben Exemplare in ihren Bestand auf.

Die verwindungssteifen Kästen wurden aus nicht rostendem Stahl in Leichtbauweise gefertigt. Sie entsprechen der UIC-Forderung nach einer statischen Belastbarkeit von 1.500 kN Prüfkraft in Längsrichtung. Die Dächer in Gerippebauweise bestehen aus abgekanteten Profilen. Die Seitenwand- und Dachbleche sind von außen auf das Kastengerippe aufgeschweißt. Für die Köpfe wurden glasfaserverstärkte Kunststoffteile (GfK) mit dem Wagenkasten verklebt. Das Untergestell ist an beiden Enden verstärkt, um Schäden bei Unfällen zu verringern. Alle Fenster sind einteilig und können nicht geöffnet werden. Der Zugang zu den Fahrzeugen erfolgt durch je zwei zweiflügelige Schiebetüren in den mittleren, niederflurigen Bereichen der Triebwagen.

Die baugleichen Trieb- und Laufdrehgestelle bestehen aus einem geschweißten H-Rahmen mit Kastenprofilen. Schwingungs- und Schlingerdämpfer ergänzen die Luftfederung. Das dreistufige Bremssystem besteht aus einer hydrodynamischen Retarderbremse, einer elektropneumatischen Scheibenbremse mit Wellenbremsscheiben und einer Magnetschienenbremse.

Zwischen den Einstiegtüren sind die Wagen niederflurig ausgeführt. Hier gibt es auch einen Mehrzweckbereich.

640 005 ist seit Dezember 2014 in Trier beheimatet, wird aber von Limburg an der Lahn aus eingesetzt. Er ist einer von insgesamt 30 Fahrzeugen von DB Regio.

An den Wagenenden sind automatische Kupplungen der Bauart Scharfenberg vorhanden. Eine Vielfachsteuerung ermöglicht die Bildung von längeren Zugverbänden auch mit den Baureihen 641, 642, 643 und 644.

Der Dieselmotor entspricht der EURO-2-Norm. Er ist unterflur aufgehängt. Das Drehmoment wird über Gelenkwellen an die Achsgetriebe in eines der Drehgestelle weitergeleitet, das andere ist ohne Antrieb.

Im Inneren sind die Triebwagen als Großräume mit Sitzen in verschiedenen Anordnungen eingerichtet. In der Mitte sind ein Mehrzweckraum mit Klappsitzen und die Vakuum-Toilette platziert. Das 1.-Klasse-Abteil befindet sich im Hochflurbereich an einem Wagenende. Acht Sitze in Vis-à-vis-Anordnung sind mit kleinen Tischen zu offenen Abteilen zusammengefasst.

Die DB-Fahrzeuge werden von Dortmund aus im Regionalverkehr unter anderem auf den Strecken Finnentrop–Olpe (Biggetalbahn), Siegen–Bad Berleburg (Rothaarbahn) und Dillenburg–Au (Sieg) eingesetzt. Einige Wagen sind in Trier und Braunschweig zu Hause. Auch private EVU haben die Einteiler im Bestand, so die HLB, die die Fahrzeuge von Vectus übernahm. Auch die Transdev-Tochter HEX (Harz-Elbe-Express) unterhält solche Züge.

Die Hessische Landesbahn (HLB) hat die Fahrzeuge von Vectus übernommen und sie in ihren Hausfarben lackiert. Am 3. August 2015 wartet der VT 205 (640 105) in Niederschelden auf Fahrgäste.

BAUREIHE 641

Der Walfisch

Hof ist eine der Heimatbetriebswerke der Baureihe 641. Am 12. Juni 2015 verlassen 641 028 und ein Schwesterfahrzeug als RE 59284 Hof in Richtung Bamberg.

Als zweites Leichtbaufahrzeug neben der Baureihe 640 entwickelte LHB einen weiteren einteiligen Triebwagen. Die Baureihe 641 entstand in Kooperation mit dem französischen Waggonbauer DeDietrich, der wie LHB zum Alstom-Konzern gehört und die Leitung des Projekts übernommen hatte.

Der Kasten besteht aus einem Mittelteil und den beiden Kopfteilen. Das geschweißte Mittelteil wurde aus Aluminium-Strangpressprofilen hergestellt. Die Kopfteile bestehen aus Stahlprofilen und GfK-Formteilen, die so konzipiert sind, dass sie bei einem Aufprall als Stoßverzehrelemente wirken. Über dem Niederflurbereich ist das Dach abgesenkt, sodass dort die Motorkühlanlage, die Batterieanlage und das Klimagerät untergebracht werden konnten. Als Besonderheit verfügen die Wagen über einen Seitenaufprallschutz. Die Seitenfenster aus Verbund-Sicherheitsglas sind von außen auf den Kasten aufgeschraubt und bilden ein durchgehendes Fensterband. Auf jeder Längsseite befinden sich zwei einflügelige, elektrisch betriebene Schwenkschiebetüren. Die Einstiegshöhe beträgt 552 mm über SO. Die Türen können über Drucktasten bedient werden. Die automatischen Scharfenbergkupplungen sind beheizbar. Sie kuppeln

Seit Sommer 2016 ist DB Regio mit dem „Geithainer“ zwischen Leipzig und Geithain unterwegs. Dafür wurden vier Triebwagen der Baureihe 641 überarbeitet und grau/silberfarben lackiert.

Mit 2 x 257 kW sind die Wagen stark motorisiert und können somit auch auf steileren Strecken wie im Südschwarzwald eingesetzt werden.

auch die Bremsleitungen und die elektrischen Verbindungen. Die beiden H-förmigen Drehgestelle sind aus Stahl in Kastenbauweise hergestellt. Sie haben Gummischichtfedern, Luftfedern und Schlingerdämpfer.

Mit seiner starken Motorisierung ist der 641 eher für steigungsreiche Strecken gedacht. Die beiden unterflur aufgehängten Antriebsanlagen bestehen jeweils aus einem schnell laufenden, wassergekühlten Sechszylinder-Dieselmotor Typ MAN D 2866 LUH 21. Er erfüllt die Euro-Abgasnorm 2. Das Drehmoment wird über ein hydrodynamisches Voith-Getriebe mit eingebautem Retarder übertragen.

Im Niederflurbereich befinden sich ein Mehrzweckraum mit Klappsitzen und ein behindertengerechtes, geschlossenes WC-System. Die vier offenen Abteile im Hochflurbereich sind mit Vis-à-vis-Bestuhlung ausgestattet. Eines davon ist für 1.-Klasse-Reisende reserviert und durch eine Glaswand mit Tür von der 2. Klasse abgegrenzt. Die beiden Führerräume sind ebenfalls durch Glaswände mit Drehtüren von den Fahrgasträumen getrennt. Matrixanzeigen informieren die Reisenden über die Fahrziele. Ein Haltewunsch kann dem Triebfahrzeugführer über Taster an den Haltestangen bekannt gegeben werden.

DB Regio übernahm 40 dieser Fahrzeuge in ihren Bestand. Die Triebwagen sind in Haltingen, Erfurt, Hof und Halle beheimatet. 641 019 und 020 fahren für die Oberweißbacher Berg- und Schwarzatalbahn (OBS). 641 024 und 030 schieden nach Unfällen bereits 2006 aus dem Bestand aus. 641 033 und 036 sind von ihrer nächsten Hauptuntersuchung zurückgestellt.

Die Fahrzeuge in Baden-Württemberg werden zwischen Basel und Lauchringen eingesetzt. In Thüringen verkehren sie zwischen Rottenbach und Katzhütte, Sömmerda und Großheringen, Friedrichroda und Fröttstädt, Saalfeld und Blankenstein sowie zwischen Gotha und Gräfenroda.

Seit dem Sommerfahrplan 2016 bedient DB Regio Südost mit den vier modernisierten, grau/silberfarben lackierten 641 027, 032, 034 und 035 die Strecke zwischen Leipzig Hbf und Geithain über Bad Lausick.

TECHNISCHE DATEN

Länge über Kupplung: 28.900 mm
Radsatzfolge: (1A)'(A1)'
Treibraddurchmesser: 770 mm
Achsstand im Drehgestell: 2.100 mm
Gesamter Achsstand: 19.600 mm
Dienstmasse: 48,7 t
Maximale Radsatzlast: 16,7 t
Höchstgeschwindigkeit: 120 km/h
Leistung: 2 x 257 kW
Motorbauart: 6-Zyl.-Reihen-Dieselmotor
Leistungsübertragung: hydrodynamisch
Antrieb: Gelenkwelle, Radsatzgetriebe
Indienststellung: 2001–2002

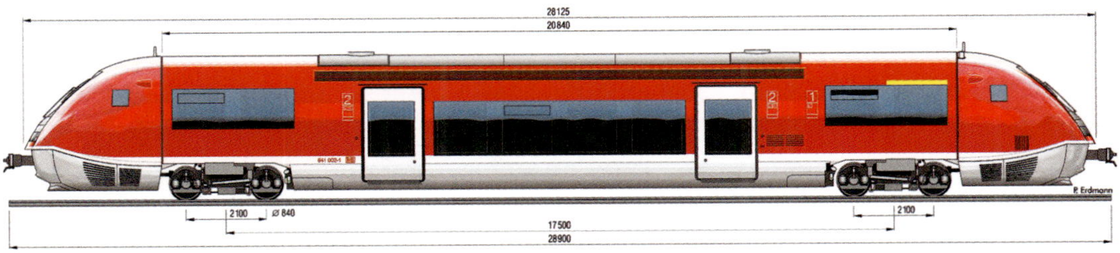

BAUREIHE 642

Bei vielen Bahnen im Bestand

Mit 230 Exemplaren ist der „Desiro Classic" von Siemens als Baureihe 642 bei DB Regio sehr stark vertreten. Die Züge sind in nahezu ganz Deutschland unterwegs. Die Aufnahme zeigt den 642 660 in der Nähe von Dahn in der Pfalz.

TECHNISCHE DATEN

Länge über Kupplung
Zug (2-teilig) 41.700 mm
Endwagen 20.600 mm

Radsatzfolge: B'2'B'

Treibraddurchmesser:
770 mm

Achsstand im Drehgestell:
Enddrehgestell 1.900 mm
Jakobsdrehgest. 2.650 mm

Gesamter Achsstand:
33.900 mm

Dienstmasse: 63,8 t

Höchstgeschwindigkeit:
120 km/h

Leistung:
2 x 275 kW

Motorbauart:
6-Zylinder-Reihenmotor

Leistungsübertragung:
hydrodynamisch

Antrieb: Gelenkwelle,
Radsatzgetriebe

Indienststellung: 1999–2003

Hinter der futuristischen Hülle des 642 steckt ein alter Bekannter: Er ist abgeleitet vom „RegioSprinter", der 1995 von Siemens entwickelt wurde. Im Juni 1996 bestellte die DB AG 150 Fahrzeuge der Baureihe $642^0/642^5$, später wurde die Bestellung auf 230 Züge erweitert. Im Herbst 1998 war der erste „Roll-Out". Die zweiteiligen Triebwagen entstammen der modularen Fahrzeug-Familie „DESIRO". Sie wurden von der Siemens Verkehrstechnik hergestellt.

Die selbsttragende Röhre des Kastens ist als Aluminium-Konstruktion ausgeführt. Die glasfaserverstärkten Kunststoff-Schalen der Fahrzeugköpfe sind in Sandwichbauweise gefertigt und mit dem Wagenkasten verklebt. Unterhalb der großen, einteiligen Panorama-Stirnfenster ist eine Matrix-Zugzielanzeige angeordnet. Automatische Mittelpufferkupplungen der Bauart Scharfenberg ermöglichen Mehrfachtraktionen, auch mit den Triebwagen der Baureihen 640 bis 648. Die beiden Fahrzeughälften sind über ein Jakobsdrehgestell miteinander verbunden. Ein Stirnübergang mit Wellenbalg ermöglicht eine gleichmäßige Verteilung der Fahrgäste. Für den Ein- und Ausstieg stehen auf jeder Wagenseite zwei zwei-

Wie 642 006 tragen die ersten Triebzüge inzwischen die Landesfarben von Baden-Württemberg. Sie sind für die Westfrankenbahn unterwegs.

flügelige Schwenkschiebetüren mit Türschließautomatik zur Verfügung. Eine Magnetschienenbremse und eine Feststellbremse ergänzen die direkt und indirekt wirkende, elektropneumatische Bremse.

Unter dem Hochflurbereich zwischen den Führerräumen und den Triebdrehgestellen sind zwei autarke Sechszylinder-Dieselmotoren der Maschinen- und Turbinenunion (MTU) mit einer Leistung von 275 kW eingebaut. Sie haben Turbo-Aufladung, Ladeluftkühlung und wirken auf je ein hydrodynamisch-mechanisches Fünf-Gang-Automatikgetriebe vom Typ ZF-Ecomat 5 P 600 mit Anfahrwandler und integriertem Retarder.

Im Niederflurbereich zwischen den beiden Einstiegsräumen befindet sich ein 2.-Klasse-Großraum. Das 1.-Klasse-Abteil am Wagenende des 642^5 ist durch eine Glaswand mit Drehtür abgetrennt. Im 642^0 haben eine Toilette und ein Mehrzweckraum mit Klappsitzen ihren Platz gefunden. Die vandalismusresistenten Sitze sind mit blauem Stoff bezogen. In der 1. Klasse haben sie hölzerne Armlehnen. Über den Sitzen sind in Längsrichtung Gepäckablagen montiert. Zur Information der Fahrgäste stehen eine Zugziel- und Stationsanzeige sowie eine Lautsprecheranlage zur Verfügung.

Die Triebwagen der DB sind in Chemnitz, Dresden, Erfurt, Kaiserslautern, Kempten, Leipzig, Magdeburg, Nürnberg, Rostock und Schöllkrippen beheimatet. Sie werden einzeln sowie in Doppeltraktion eingesetzt. Der 642 016/516 schied nach einem Unfall aus dem Bestand aus.

Die Triebwagen der Westfrankenbahn sind auf den Kursbuchstrecken 780 bis 784 und auf der Kahlgrundbahn unterwegs. Am 10. Juli 2015 verlässt 642 062 Würzburg Hbf.

Die Vogtlandbahn hat über 20 Desiro Classics im Bestand, die zuletzt gebauten sogar mit einer Leistung von 2 x 315 kW. Die Triebwagen sind in Nordbayern – wie hier in Schwandorf – und Sachsen unterwegs.

oben: Mit einer Werbung für die sächsische Schweiz wartet der 642 537/037 mit weiteren 642 in Dresden-Friedrichstadt auf den nächsten Einsatz.

rechts: 642 828 gehört der Alpha Trains Europa und wird von der Städtebahn Sachsen im Großraum Dresden eingesetzt. Er fährt am 13. Juni 2015 in Dresden Hbf ein.

In Schöllkrippen sind die 642 der Westfrankenbahn (WFB) zu Hause. Die Erzgebirgsbahn (EB) beheimatet und wartet ihre von der DB übernommenen Wagen in Chemnitz.

Neben DB Regio haben zahlreiche deutsche Privatbahnen die Triebwagen der Baureihe 642 in ihrem Bestand. Mit 26 Fahrzeugen ist die größte Flotte bei der Vogtlandbahn (VBG) zu finden. Sie sind unter anderem mit Fahrkartenautomaten, Schiebetritten in den Einstiegsbereichen und Notbremsüberbrückungen ausgestattet. Die 15 im Jahr 2002 gebauten Züge haben abweichend eine Leistung von 2 × 315 kW und können deshalb auch steigungsreiche Strecken befahren. Die Desiros fahren auf den Linien VB 3, VB 4 und teilweise der VB 2.

15 Triebwagen fahren für die Städtebahn GmbH in Sachsen. Sie gehören Angel Trains, sind nur angemietet und zwischen Königsbrück, Kamenz, Dresden, Altenberg und Sebnitz unterwegs.

Die Hessische Landesbahn setzt ihre Triebwagen auch auf der Kahlgrundbahn zwischen Kahl am Main und Schöllkrippen ein. (642 406, Kahl am Main, 9. April 2015).

Die ODEG-Wagen sind auf der Strecke zwischen Cottbus und Zittau unterwegs. In Zittau entstand die Aufnahme des VT 414 (642 914).

Blick in den niederflurigen Mehrzweckraum, der zwischen den beiden Einstiegstüren angeordnet ist. Hier sind ein Fahrkartenautomat und die behindertengerechte Toilette eingebaut.

Je sechs 642 laufen für die Ostdeutsche Eisenbahn GmbH (ODEG) und die HLB Hessenbahn GmbH. Die ODEG-Wagen sind unter anderem auf der Linie OE 65 zwischen Cottbus und Zittau unterwegs. Die HLB-Wagen sind auf der RB 22 „Main-Lahn-Linie“ (Limburg [Lahn]–Frankfurt [Main]) und auf der RB 45 „Lahntalbahn/Vogelsbergbahn (Limburg [Lahn]–Fulda) zu finden.

Auch ausländische Staatsbahnen nutzen die Triebwagen. Sie sind beispielsweise als Baureihe 5022 auf den Gleisen der ÖBB unterwegs. Die dänischen Staatsbahnen bezeichnen ihre Züge als Baureihe MQ. Auch in Bulgarien, Griechenland, Rumänien und Slowenien sind die Wagen im Einsatz. Sogar bei der North County Transit District (NCTD) in Kalifornien sind die Züge im Fahrzeugpark.

Mit dem blauen VT 1.0/1.5 erprobt und präsentiert Siemens die neue ETCS-Technologie. Der Wagen entstand im Frühjahr 2003 und basiert auf den Triebwagen der Baureihe 642.

BAUREIHE 643, 644

Der „Talent“ von Talbot

Die Talent-Triebwagen gibt es mit hydraulischem Antrieb (Baureihe 643) und elektrischem Antrieb (Baureihe 644). Die Eurobahn setzt nur hydraulische Wagen ein, hier den VT 2.02a (643 102-6) in Kirchlengern.

Talbot in Aachen beteiligte sich an der Entwicklung neuer Fahrzeuge für den RegionalBahn-Einsatz und stellte mit den „Talent“-Zügen (Talbot-Leichtbau-Niederflur-Triebzug) eine flexible, modular aufgebaute Fahrzeugfamilie auf die Gleise. Bei der hier vorgestellten Ausführung handelt es sich um zwei- und dreiteilige Triebzüge, die für den Überlandeinsatz angepasst wurden. Talbot baute einen Prototypen, der im Februar 1996 seine ersten Probefahrten unternahm. Anfang März fand das offizielle „Roll-Out“ statt.

Die Triebwagen werden einerseits als Baureihe 643 mit hydraulischer Kraftübertragung angeboten, andererseits gibt es eine Version mit elektrischer Kraftübertragung, die als Baureihe 644 bezeichnet wird. Mit ihrer stärkeren Motorisierung und der höheren Beschleunigung eignen sich die Triebwagen der Baureihe 644 besonders für S-Bahn-ähnliche Streckennetze mit kurzen Haltestellenabständen und geringen Fahrzeiten.

Die NEB bietet auf mehreren Linien in Mecklenburg-Vorpommern und in Brandenburg Leistungen im Personennahverkehr an. Dafür hat sie auch Triebwagen vom Typ „Talent“ im Bestand (643 406, Berlin-Lichtenberg, 7. Mai 2018).

643 007 ist in Karlsruhe beheimatet und wird von dort aus in die Pfalz eingesetzt. Am 21. April 2015 fährt der Triebwagen in Karlsruhe Hbf ein.

Sowohl den Antriebs- als auch den Laufdrehgestellen liegt eine verwindungsweiche H-Rahmen-Konstruktion zugrunde. Gummi-Konusfedern mit Eigendämpfung übernehmen die Primärfederung. Die Sekundärfederung erfolgt durch Luftfedern mit Niveau-Regulierung. Gummi-Notfedern ergänzen dieses System. Ein Triebzug besteht aus zwei technisch weitgehend identischen Endwagen mit Führerständen und Antriebseinheiten. Bei den dreiteiligen Zügen sind die Endwagen über zweiachsige Jakobsdrehgestelle mit einem antriebslosen Mittelwagen verbunden. In der Mitte der zweiteiligen Wagen läuft ebenfalls ein Jakobsdrehgestell.

Der Kasten in Leichtbauweise und das geschweißte Untergestell aus korrosionsträgem Edelstahl bilden den Aufbau. Die Seitenwände bestehen aus einem Aluminiumgerippe mit einer Verkleidung aus glasfaserverstärktem Kunststoff (GfK). Die strömungsgünstig gestalteten Kopfmodule mit den Führerständen sind wie die Fahrzeugdächer komplett aus GfK gefertigt. Die Außenscheiben der doppelt verglasten und getönten Fenster sind bündig in die Seitenwände eingeklebt. Bei den 643 hat jedes Endteil auf beiden Seiten je eine Doppel-Schwenkschiebetür der Firma Bode. In den Mittelteilen sind zwei Türen pro Seite vorhanden. Die Endteile der Baureihe 644 haben ebenfalls zwei Türen pro Seite. Zwischen den Einstiegstüren sind die Fahrgasträume als Niederflurbereich ausgeführt. An den Wagenenden haben die Fahrzeuge eine „normale“ Fußbodenhöhe.

TECHNISCHE DATEN (643)

Länge über Kupplung
Zug (3-teilig, 643^{0})
48.360 mm
Zug (2-teilig, 643^{2})
34.610 mm
Endwagen 17.305 mm
Mittelwagen 13.750 mm

Radsatzfolge: B'2'2'B'; B'2'B' [1]

Treibraddurchmesser:
760 mm

Laufraddurchmesser:
630 mm

Achsstand im Drehgestell:
Enddrehgestell 1.900 mm
Jakobsdrehgest. 2.700 mm

Gesamter Achsstand:
42.580; 28.830 [1] mm

Dienstmasse: 72; 57,5 [1] t

Maximale Radsatzlast:
12,8 t

Höchstgeschwindigkeit:
120 km/h

Leistung: 2 x 315 kW

Motorbauart:
6-Zylinder-Reihenmotor

Leistungsübertragung:
hydrodynamisch

Antrieb: Gelenkwelle, Radsatzgetriebe

Indienststellung:
1999–2001; 2002–2005 [1]

[1] Baureihe 643^{2}

Im Gegensatz zu den anderen 643 sind die Wagen der Unterbaureihe 643^{2} nur zweiteilig. 642 204 und ein weiterer 643^{2} stehen abfahrbereit in Neuss.

In südlichen Gefilden sind die Triebwagen der Bayerischen Oberlandbahn (BOB) unterwegs. Von München aus fahren die Wagen unter anderem nach Bayrischzell und an den Tegernsee (643 112, München, 16. Oktober 2014).

An den Enden der Triebwagen ist eine automatische Mittelpufferkupplung der Bauart Scharfenberg montiert.

In den Triebwagen arbeiten zwei Zwölfzylinder-Dieselmotoren der Bauart 12 V 183 TD 13 mit Turboladern und Ladeluftkühlung von MTU. Bei der Baureihe 643 wird die Antriebskraft über ein hydrodynamisches Getriebe mit Anfahrwandler auf die Radsätze übertragen. Bei den Triebwagen der Baureihe 644 wird das Drehmoment über nachgeschaltete Synchrongeneratoren in elektrische Energie umgewandelt, die dann über eine Leistungselektronik den Drehstrom-Asynchron-Fahrmotoren zugeführt wird. Gebremst wird die Baureihe 643 über eine im Getriebe integrierte Retarderbremse. Ergänzt wird sie durch eine Scheiben- und eine Magnetschienenbremse. Die Baureihe 644 hat eine elektrische Widerstandsbremse, eine Scheiben- und eine Magnetschienenbremse.

Ein ELTAS-32-Mikroprozessor-Computer regelt die Antriebsanlagen. Züge aus bis zu drei Triebwagen können damit gesteuert werden. Die Datenübertragung erfolgt über das WTB-Zug-Bus-System. Entsprechend den Vorgaben der DB sind die Züge mit Sifa, Indusi I 60 R und Zugbahnfunk ZF 90 ausgestattet.

Die Einzelsitze sind vis-à-vis als offene Abteile mit Mittelgang in die Großräume eingebaut. In der 2. Klasse wurde ein 2+2-Sitzteiler gewählt, in der 1. Klasse, die im Hochflurbereich eines Kopfteils untergebracht ist, ein 2+1-Sitzteiler. Oberhalb der Fenster sind Längsgepäckablagen eingebaut. In den Mehrzweckräumen im Niederflurbereich wurden Klappsitze in Querrichtung an den Wänden montiert. Die Fahrzeuge haben eine behindertengerechte Toilette mit geschlossenem Vakuum-WC-System.

Im Großraum Düsseldorf sind die Talent-Triebwagen der Regiobahn unterwegs. Der weiß/rote 643 236 fährt am 26. März 2013 aus Düsseldorf Hbf aus.

Die $643^{0/5}$ von DB Regio werden von Ludwigshafen, Karlsruhe, Trier und Münster aus eingesetzt. Anfang 2002 bestellte die DB für die Euregiobahn 26 zweiteilige „Talent“-Triebwagen und reihte sie als Unterbaureihe $643^{2/7}$ in ihren Fuhrpark ein. Diese Wagen sind in Aachen beheimatet. Sie haben Zulassungen für den Einsatz im deutschen, niederländischen und belgischen Netz. Dafür wurden sie mit dem niederländischen Zugsicherungssystem ATB-L und einem Fahrtenschreiber ausgestattet. Das belgische Sicherheitssystem kann bei Bedarf kurzfristig nachgerüstet werden. Zudem genügen die Wagen der Straßenbahn-Bau- und Betriebsordnung (BOStrab). Die Nachrüstung mit den Zusatzgeräten gemäß BOStrab ist kurzfristig möglich.

Die 64 dieselelektrischen Züge der Baureihe 644 sind in Dortmund, Köln-Deutzerfeld, Ulm und Haltingen beheimatet.

Auch bei privaten EVU fand der „Talent“ großen Zuspruch, zahlreiche Bahnen nahmen die Züge in ihren Bestand auf. So sind zahlreiche Triebwagen bei der Nordwestbahn GmbH (NWB) registriert. Sie werden in Niedersachsen im Regionalverkehr eingesetzt. Die Prignitzer Eisenbahn GmbH (PEG) hat mit 18 Zügen die zweitgrößte private „Talent“-Flotte. Für die Rheinisch-Bergische Eisenbahn hat Veolia Verkehr Rheinland GmbH (RBE) zwölf Fahrzeuge beschafft, für die Ostseeland Verkehr GmbH (OLA) sind es elf Züge. Je neun Exemplare gehören der Keolis Deutschland GmbH & Co. KG (Eurobahn, ERB) und der NEB Betriebsgesellschaft mbH (NEB). Weitere Wagen laufen bei der Bayerischen Oberlandbahn GmbH (BOB), der Nord-Ostsee-Bahn GmbH (NOB) und der Veolia Verkehr Regio Ost GmbH (VVRO).

Die dieselelektrischen 644 sind auch in Ulm zu Hause. Dort fährt 644 550 am 5. Juli 2017 nach Crailsheim aus.

TECHNISCHE DATEN (644)

Länge über Kupplung:	Zug (3-teilig) 52.160 mm Endwagen 18.210 mm Mittelwagen 14.200 mm
Radsatzfolge:	B'2'2'B'
Treibraddurchmesser:	760 mm
Laufraddurchmesser:	630 mm
Achsstand im Drehgestell:	Enddrehgestell 1.900 mm Jakobsdrehgest. 2.700 mm
Gesamter Achsstand:	44.480 mm
Dienstmasse:	84,3 t
Maximale Radsatzlast:	14,1 t
Höchstgeschwindigkeit:	120 km/h
Leistung:	Dieselmotor 2 x 505 kW Elektromotor 2 x 300 kW
Motorbauart:	12-Zylinder-V-Dieselmotor Drehstrom-Asynchronmotor
Leistungsübertragung:	elektrisch
Indienststellung:	1998–2000

Die Züge der Nordwestbahn sind überwiegend blau lackiert. Die Aufnahme des VT 643 309 entstand in Münster Hbf.

BAUREIHE 646

Motorwagen in der Mitte

DB Regio hat insgesamt 63 Fahrzeuge der Baureihe 646/946 im Bestand, 21 davon werden von der Usedomer Bäderbahn betreut und auf der Insel Usedom eingesetzt. 946 207 ist in Kassel beheimatet und wartet in Korbach auf seine Ausfahrt.

Eine ungewöhnliche Fahrzeugvariante ist bei der Baureihe 646 zu finden. Sie besteht aus einem kurzen zweiachsigen Motorwagen in der Mitte (Baureihe 646) und zwei Steuerwagen (Baureihen 946^0 und 946^5). Die Konstruktion mit kompletter Trennung zwischen der Antriebseinheit und den Fahrgasträumen geht auf den Schweizer Fahrzeughersteller Stadler zurück. Ursprünglich war das Konzept für den Einsatz auf elektrifizierten Schmalspurstrecken vorgesehen. Durch den modularen Aufbau konnte es aber ohne größeren Aufwand auch für den Dieselbetrieb auf Normalspurstrecken gebaut werden.

Die zweiachsigen Steuerwagen mit Enddrehgestellen stützen sich am hinteren Ende auf dem Motorwagen ab. Durch einen Mittelgang im Motorwagen gelangen die Fahrgäste von einem Steuerwagen in den anderen. Über Seitenklappen im Mittelgang erreicht das Personal die Antriebsaggregate.

Die Seitenwände sind als Schraub- und Schweißkonstruktion aus Aluminium gefertigt. Das Dach ist in Sandwichbauweise hergestellt. Das Führerhaus besteht aus glasfaserverstärktem Kunststoff (GfK). Doppelflügelige Schiebetüren ermöglichen das Ein- und Aussteigen.

Blick in den Innenraum eines GTW 2/6 der ODEG mit vier bequemen Sitzen in einem offenen Abteil. Zusätzlich gibt es auch Sitze in Reihenanordnung.

Die Hessische Landesbahn (HLB) hat 30 Exemplare der GTW 2/6 im Bestand, die auffallend rot/silberfarben lackiert sind. (946 428, Gießen).

Der Dieselmotor von MTU treibt einen Drehstrom-Asynchrongenerator an, der die Traktionsmotoren speist. Eine direkte elektropneumatische, eine indirekte pneumatische Bremse und eine elektrodynamische Widerstandsbremse werden durch eine Magnetschienenbremse ergänzt.

Der Innenraum ist jeweils in einen 1.-Klasse-Bereich, einen 2.-Klasse-Bereich und einen Mehrzweckraum aufgegliedert. Bei den Wagen der Usedomer Bäderbahn wurde auf das 1.-Klasse-Abteil verzichtet, sodass deren Sitzplatzzahl von 93 auf 111 erhöht werden konnte. Die Sitze sind mit Stoff bezogen und haben in der 1. Klasse Armlehnen.

Die verkehrsroten Züge der DB sind in Berlin-Lichtenberg (646^0), Frankfurt (Main)-Griesheim und Kassel (646^2) beheimatet. Die Wagen der Usedomer Bäderbahn (646^1), einer Tochter der DB, sind im Seebad Heringsdorf zu Hause und werden auf dem Streckennetz der UBB eingesetzt. Die blaue Lackierung ihrer Schürzen grenzt oben wellenförmig an die weiße Lackierung der übrigen Flächen. Die in Kassel beheimateten 646 205 bis 213 der Kurhessenbahn (KHB) werden auf der Dreieichbahn eingesetzt.

Die Hessische Landesbahn (HLB) setzt ihre 30 rot/silberfarbenen Triebwagen auf den Strecken Betzdorf–Haiger, Beienheim–Schotten, Friedberg–Mücke, Friedrichsdorf–Friedberg, Gießen–Gelnhausen und der Ländchesbahn ein. Die zweimotorigen, 2011 gebauten Fahrzeuge der Ostdeutschen Eisenbahn (ODEG) sind auf den Strecken Berlin-Wannsee–Jüterbog und Brandenburg–Rathenow zu finden.

TECHNISCHE DATEN
Länge über Kupplung: Zug (3-teilig) 38.660 mm Endwagen 17.065 mm Mittelwagen 4.500 mm
Radsatzfolge: 2'+Bo+ 2'
Treibraddurchmesser: 860 mm
Achsstand im Drehgestell: 2.000 mm
Achsstand Mittelwagen: 2.000 mm
Gesamter Achsstand: 31.724 mm
Dienstmasse: 57,1 t
Maximale Radsatzlast: 19,2 t
Höchstgeschwindigkeit: 120 km/h
Leistung: Dieselmotor 550 kW Elektromotor 2 x 262 kW
Motorbauart: 12-Zylinder-V-Dieselmotor Drehstrom-Asynchronmotor
Leistungsübertragung: elektrisch
Indienststellung: seit 1999

Die 2011 gebauten Wagen der ODEG unterscheiden sich durch die neue Frontgestaltung und zwei Motoren von den älteren GTW 2/6 (Berlin-Lichtenberg, 7. Mai 2018).

BAUREIHE 648, 1648, 623

Der zweiteilige „LINT 41"

Um auch einen größeren Triebwagen anbieten zu können, entwickelte Alstom-LHB in Eigeninitiative den zweiteiligen LINT 41 aus dem nur einteiligen LINT 27. Der 648 112 gehört zur ersten Ausführung der Triebwagen.

Außer den einteiligen Triebwagen der Baureihe 640 sind in der „LINT"-Familie auch zweiteilige Fahrzeuge zu finden, die im nationalen Fahrzeugregister als Baureihe 648 bezeichnet werden. Das Leichttriebwagenkonzept für Nebenstrecken stammt aus dem Hause Alstom-LHB in Salzgitter. Das Baukastensystem enthält sowohl Einzelwagen als auch mehrteilige Gelenk- und Doppeltriebwagen.

Die verwindungssteifen Wagenkästen sind in Stahlleichtbauweise hergestellt. Die Dächer in Gerippebauweise bestehen aus abgekanteten Profilen. Für die Köpfe der Wagen wurden glasfaserverstärkte Kunststoffteile (GfK) verwendet. Sie sind mit dem Wagenkasten verklebt. Eine doppelflügelige Schiebetür pro Seite in jedem Wagenteil ermöglicht das Ein- und Aussteigen. Zusätzliche Trittstufen und Rollstuhlrampen können je nach Kundenwunsch geliefert werden.

Für die Drehgestelle wurden kastenförmige Profile zu einem Rahmen verschweißt. Die beiden äußeren Drehgestelle sind angetrieben, das mittlere Laufgestell dient als Verbindung zwischen den beiden Wagenteilen. Alle Drehgestelle haben Luftfederung mit Schwingungs- und Schlingerdämpfern.

Zahlreiche private EVU haben ebenfalls Wagen der Baureihe 648 im Bestand. Dazu gehört auch die NWB, deren VT 515 (648 085) hier mit zwei weiteren 648 Oldenburg Hbf erreicht.

Die HLB ist mit ihren gelb/grau lackierten Triebwagen überwiegend auf den Nebenstrecken in Hessen unterwegs. 648 012 wurde am 9. April 2015 in Gießen fotografiert.

Das dreistufige Bremssystem besteht aus einer hydrodynamischen Retarderbremse, einer elektropneumatischen Scheibenbremse mit Wellenbremsscheiben und einer Magnetschienenbremse. An den Wagenenden sind automatische Kupplungen der Bauart Scharfenberg montiert.

Die unterflur aufgehängten Antriebsanlagen wirken jeweils auf das benachbarte Drehgestell. Die beiden Sechszylinder-Dieselmotoren mit Ladeluftkühlung und Abgasturboladern von MTU entsprechen der EURO-2-Abgasnorm. Sie leisten 2 x 315 kW und übertragen ihr Drehmoment auf ein hydrodynamisches Strömungsgetriebe von Voith.

Automatische Scharfenbergkupplungen und eine Mehrfachsteuerung ermöglichen den Betrieb mehrerer Wagen von einem Führerstand aus.

Die Großräume im Inneren der Wagen sind mit Sitzen in verschiedenen Anordnungen ausgestattet. Im Niederflurteil der Wagen sind Mehrzweckräume und die Toilette zu finden. Das 1.-Klasse-Abteil befindet sich an einem Wagenende.

Mehrere Eisenbahnverkehrsunternehmen haben Triebwagen vom Typ „LINT 41“ im Bestand. So setzt DB Regio von Dortmund aus die Wagen 648 001 bis 006 und 648 101 bis 107 ein. 648 107 bis 121 waren 2017 in Berlin-Lichtenberg zu Hause. Die Trierer Wagen 648 201 bis 207 werden auf den Strecken der Lahn-Eifel-Bahn eingesetzt. Für den Einsatz der Wagen 648 251 bis 277 ist das Werk Braunschweig verantwortlich. Sie sind auf dem Harz-Weser-Netz unterwegs. Nürnberg setzt 648 301 bis 327 auf nicht elektrifizierten Strecken der Mittelfrankenbahn unter anderem zwischen Simmelsdorf und Hüttenbach ein. Die neuesten Exemplare 648 331 bis 355 und 648 450 bis 465 sind in Kiel beheimatet und sind von dort aus auf den Strecken in Schleswig-Holstein unterwegs.

TECHNISCHE DATEN

Länge über Kupplung:
Zug (2-teilig) 41.810 mm
Endwagen 20.705 mm

Radsatzfolge: B'2'B'

Treibraddurchmesser:
770 mm

Laufraddurchmesser:
770 mm

Achsstand im Drehgestell:
Enddrehgestell 1.900 mm
Jakobsdrehgest. 2.700 mm

Gesamter Achsstand:
34.900 mm

Dienstmasse: 63,5/65[1] t

Maximale Radsatzlast: 18 t

Höchstgeschwindigkeit:
120 km/h

Leistung: 2 x 315 kW

Motorbauart:
6-Zylinder-Reihenmotor

Leistungsübertragung:
hydrodynamisch

Antrieb: Gelenkwelle,
Radsatzgetriebe

Indienststellung:
2000–2001; 2004–2005[1]

[1] Baureihe 648[2]

Die neueren Triebwagen der Baureihe 1648 unterscheiden sich besonders durch die crashoptimierte und optisch geänderte Stirnfront von den alten 648 (1648 001, Wuppertal-Unterbarmen, 4. Oktober 2015).

Mit den Wagen 1648 101 bis 107 stockte die HLB 2015 ihren Triebwagenbestand auf. Am 3. August 2015 wartet 1648 602 in Siegen auf neue Fahrgäste.

Die neuesten Wagen von DB Regio sind für das „Dieselnetz Südwest" vorgesehen. Die 14 als 623 001 bis 014 bezeichneten Wagen sind in Ludwigshafen beheimatetet und fallen durch den weißen Anstrich mit roten Köpfen auf. Rostock bekam die Wagen 623 015 bis 031. Diese Fahrzeuge sind wieder verkehrsrot.

Die Hessische Landesbahn (HLB) ist mit ihren Wagen 648 010 bis 032, 151 bis 168, 1648 101 bis 107 und 1648 401 bis 410 im Großraum Frankfurt (Main), Limburg, Wiesbaden und Siegen unterwegs. Die Fahrzeuge haben silberfarbene Kästen mit gelben Kopfpartien.

In Niedersachsen werden die Triebwagen der Baureihe 648/1648 unter anderem von der Nordwestbahn (NWB) eingesetzt. Wendebahnhöfe sind dabei Osnabrück, Hildesheim, Wilhelmshaven und Bremen. Die blau/weiß lackierten Wagen sind als 648 070 bis 093, 181 bis 191, 361 bis 379 und 420 bis 447 registriert, sie gehören der Landesnahverkehrsgesellschaft Niedersachsen. 648 070 bis 093 wurden vom Frühjahr 2014 bis Januar 2016 in Braunschweig bei Alstom modernisiert, seit 2017 werden auch die Triebwagen 648 181 bis 191 ebenfalls aufgearbeitet.

Die Eisenbahnen und Verkehrsbetriebe Elbe-Weser (EVB) bedient mit den Triebwagen 648 171 bis 179, 194 bis 199 und 1648 301 bis 306 die Verbindung RE 33 zwischen Cuxhaven und Buxtehude. Die 1648 gehören der Landesnahverkehrsgesellschaft Niedersachsen (LNVG) und werden von der EVB nur genutzt. Die 648 werden seit 2017 ebenfalls einer Aufarbeitung unterzogen.

Abweichend vom üblichen verkehrsroten Anstrich bei DB Regio haben die Wagen für das Dieselnetz Südwest einen grauen Wagenkasten mit roten Kopfpartien. Diese Fahrzeuge sind als 623 001 bis 014 in den Bestand eingereiht.

Die Triebwagen der AKN sind auf den Linien zwischen Neumünster, Heide, Büsum und Bad Oldesloe anzutreffen. In Neumünster fährt 648 149 am 10. August 2012 an den Bahnsteig.

Die Bayerische Regiobahn setzt seit Dezember 2008 LINT 41 im Dieselnetz Augsburg II ein. Diese Triebwagen sind mit einer Leistung von 2 x 390 kW stärker motorisiert und tragen die Nummern 628 210 bis 237.

Beim Harz-Elbe-Express (HEX) fahren seit 2005 die LINT 41 648 278 bis 289 nach Halle, Halberstadt, Goslar, Berlin, Magdeburg und Thale.

Bei Abellio Rail sind die Wagen 648 328 bis 330 und die mit einer Einstiegshöhe von 76 cm über SO und der crashoptimierten Stirnfront ausgestatteten 1640 001 bis 009 im Bestand.

2011 bestellte die Landesnahverkehrsgesellschaft Niedersachsen die Wagen 648 470 bis 497 mit Rußpartikelfilter und Videoüberwachung. Eingesetzt werden die Wagen von der Heidekreuzbahn GmbH (Erixx).

Als Ersatz für die nicht zugelassenen Pesa-Link-Fahrzeuge bestellte die Oberpfalzbahn im Februar 2015 zwölf gelb lackierte LINT 41. Die Fahrzeuge wurden zwischen März und Juni 2016 geliefert und als 1648 201 bis 212 im nationalen Fahrzeugregister geführt.

Die Nordbahn Eisenbahngesellschaft bedient die Bahnstrecken Neumünster–Heide, Heide–Büsum und Neumünster–Bad Oldesloe mit sieben LINT 41, wovon sechs im Jahr 2001 gebaut und 2011 rundum modernisiert wurden, der siebte (VT 2.77) wurde im Jahr 2011 gebaut. Die Wagen 648 144 bis 150 sind bei der AKN Eisenbahn AG registriert.

Die in Nürnberg beheimateten 648 301 bis 327 sind auf nicht elektrifizierten Strecken der Mittelfrankenbahn unter anderem zwischen Simmelsdorf und Hüttenbach unterwegs.

BAUREIHE 650

Der „Regio Shuttle“

Die Wagen der ODEG sind im Großraum Berlin unterwegs und erreichen dabei auch Schwerin. Hier fährt der VT 650.91 (650 091) am 13. Mai 2015 in Richtung Rehna aus.

TECHNISCHE DATEN

- Länge über Puffer: 25.500 mm
- Radsatzfolge: B'B'
- Treibraddurchmesser: 770 mm
- Achsstand im Drehgestell: 1.800 mm
- Gesamter Achsstand: 18.900 mm
- Dienstmasse: 37,7 t
- Maximale Radsatzlast: 14 t
- Höchstgeschwindigkeit: 120 km/h
- Leistung: 2 x 257 kW
- Motorbauart: 6-Zylinder-Dieselmotor
- Leistungsübertragung: hydromechanisch
- Antrieb: Gelenkwelle, Radsatzgetriebe
- Indienststellung: 1999–2013

Mit dem einteiligen „Regio Shuttle“ RS 1 gelang Adtranz eine Konstruktion, die bei zahlreichen privaten EVU und bei der DB großen Anklang gefunden hat. Nachdem Adtranz die ersten Triebwagen in unterschiedlichen Versionen an Privatbahnen und an die DB geliefert hatte, übernahm die Stadler Rail AG 2001 die Produktion der Baureihe 650. Ursprünglich bot der Hersteller auch Steuerwagen an, die aber bisher noch nicht bestellt wurden.

Eine geschweißte Fachwerkkonstruktion mit diagonalen Streben bildet den Wagenkasten. Er ist von außen mit Sandwichplatten aus glasfaserverstärktem Kunststoff (GfK) verkleidet. Die Führerräume sind komplett aus GfK hergestellt. Zwischen den beiden zweiflügeligen Doppelschiebetüren befindet sich ein Niederflurbereich. Die Fenster sind zwischen die Kastenstreben eingepasst und können teilweise geöffnet werden.

Die Laufwerke bestehen aus zwei angetriebenen Drehgestellen mit geschweißtem Rahmen.

An den Wagenenden sind die beiden MAN-Dieselmotoren angeordnet. Sie treiben über ein automatisches Getriebe die benachbarten Dreh-

VT 365 (650 365) und VT 366 (650 366) der WEG fallen durch ihre gelbe Lackierung mit den großen grünen Punkten auf.

DB Regio hat drei unterschiedliche Ausführungen der RS 1 im Bestand. Sie unterscheiden sich bei der Größe der Mehrzweckräume, der Anzahl der Sitzplätze und der Breite der Türen. 650 010 verlässt am 10. Juli 2015 Würzburg Hbf.

gestelle an. Die Kraft wird hydrodynamisch übertragen. Mit normalen Zug- und Stoßvorrichtungen können die Wagen freizügig in Mehrfachtraktionen auch mit anderen Baureihen oder mit normalen Reisezug- und Güterwagen eingesetzt werden. Eine im Getriebe integrierte Retarderbremse sowie eine Scheiben- und eine Magnetschienenbremse dienen zur Verzögerung der Fahrzeuge. Sämtliche Aggregate der Antriebsanlage sind unterflur angebracht.

Der Innenraum ist als Großraum 2. Klasse ausgeführt. Die Sitze sind vis-à-vis oder in Reihe angeordnet und mit Stoff bezogen. Der Mehrzweckraum ist mit Klappsitzen an den Seitenwänden ausgestattet. Er befindet sich im Niederflurbereich in der Mitte der Wagen. Glaswände mit Drehtüren trennen die Führerräume von den Fahrgasträumen. Im Gegensatz zu vielen Privatbahnwagen wurde in die meisten Fahrzeuge der DB eine Toilette eingebaut. Über den großen Frontfenstern sowie im Inneren der Wagen informieren Matrixanzeigen über das Zugziel und die nächste Station. Eine Lautsprecheranlage ergänzt die Ausstattung. Die Klimaanlage soll für angenehme Temperaturen im Wageninneren sorgen.

Die Triebwagen der DB Regio sind in Tübingen und Ulm stationiert. Sie gehören zur DB ZugBus Regionalverkehr Alb-Bodensee (RAB). Die Tübinger Wagen haben die Nummern 650 001 bis 027. Sie werden überwiegend auf der Ammertalbahn zwischen Tübingen und Herrenberg eingesetzt, sind aber auch auf der Strecke nach Bad Urach anzutreffen. Die Ulmer 650 100 bis 122 sind unter anderem auf der Teckbahn Wendlingen–Kirchheim–Oberlenningen unterwegs.

Bei der City-Bahn Chemnitz fahren sechs Regio Shuttle zur Zeit auf der Linie 523 zwischen Stollberg und Glauchau. (VT 512, 650 050, Chemnitz Hbf).

Die Wagen der Oberpfalzbahn sind statt mit normalen Schraubenkupplungen mit automatischen Scharfenbergkupplungen ausgestattet. Hier kann auf Puffer verzichtet werden. (VT 36, 650 669, Schwandorf).

VT 525 (650 587) der SWEG ist einer der Wagen, die in den Landesfarben von Baden-Württemberg lackiert sind. Hinten läuft ein Wagen in originalen SWEG-Farben (Freudenstadt, 24. Oktober 2015).

Die drei in Ulm beheimateten 650 201 bis 203 unterscheiden sich durch einen größeren Fahrradraum von den Vorgängern, allerdings musste dafür auf die Toilette verzichtet werden.

Letzte Bauserie sind die 27 Fahrzeuge der Unterbauart 650^3. Sie haben breitere Einstiege und größere Mehrzweckabteile, sodass Fahrräder einfacher befördert werden können. Zusätzlich haben sie eine bessere Klimaanlage und ein erweitertes Fahrgastinformationssystem.

Die Westfrankenbahn hatte mit dem 650 997 einen Triebwagen von der Kahlgrund Verkehrs-GmbH angemietet. Später ging er an die Südostbayernbahn, die ihn auf der Traun-Alz-Bahn zwischen Traunstein und Traunreut einsetzte. Im April 2017 gab DB Regio den Wagen an die ČD nach Tschechien ab.

Acht Triebwagen werden vom Zweckverband Schönbuchbahn zwischen Böblingen und Dettenhausen eingesetzt. Sie sollen aber ab Herbst 2018 nach der Elektrifizierung der Strecke von E-Triebwagen abgelöst werden (VT 414, 650 680, Böblingen, 29. Mai 2017).

Zur Zeit sind „Regio Shuttle“ bei über zwanzig privaten Eisenbahnverkehrsunternehmen in Deutschland in zahlreichen unterschiedlichen Ausführungen und Lackierungen unterwegs. 50 Regio Shuttle gingen an die HzL, die damit einen Großteil des Verkehrs auf der Schwäbischen Alb und im mittleren Schwarzwald abwickelt.

Große Bestände haben auch die Ortenau-S-Bahn (OSB) mit 24 Wagen und die Mitteldeutsche Regionalbahn mit 20 Exemplaren. Die Süd-Thüringen-Bahn (STB) hat 37 Triebwagen, davon sind fünf von der ODEG übernommen. 53 Wagen befinden sich im Besitz der Südwestdeutschen Verkehrs AG (SWEG), die damit Strecken im Schwarzwald bedient.

Zu den acht Wagen der Vogtlandbahn (VBG) kamen inzwischen sechs Fahrzeuge der PEG hinzu, sodass sich der Bestand nun auf 14 Wagen beläuft. Bei der Württembergischen Eisenbahngesellschaft (WEG) sind 22 Regio Shuttle zu finden. Die Rurtalbahn GmbH hat fünf Fahrzeuge bestellt, die ab Mitte 2011 auf den Strecken Düren–Heimbach bzw. Düren–Linnich fahren sollen. Im Sommer 2010 bestellte der Zweckverband Strohgäubahn acht Triebwagen, die noch auf der Schönbuchbahn zwischen Holzgerlingen und Dettenhausen unterwegs sind. Agilis nennt 38 Wagen der Baureihe 650 sein Eigen.

2009 konnten die ersten Fahrzeuge ins Ausland verkauft werden. Die tschechische Eisenbahngesellschaft České dráhy (ČD) kaufte 33 Regio Shuttles, die seit Ende 2011 in der Region Liberec (16 Fahrzeuge) und der Region Vysoãina (17 Fahrzeuge) als Baureihen 840 und 841 eingesetzt werden.

Die HzL übernimmt mit ihren „Regio Shuttle“ einen Großteil des Verkehrs auf der Schwäbischen Alb und in Richtung Bodensee. Auch der Ringzug zwischen Tuttlingen, Reutlingen, Villingen und Donaueschingen wird von der HzL bedient.

Der VT 006 (650 538) wird von der Mitteldeutschen Regiobahn im Großraum Leipzig eingesetzt. Am 16. Juni 2015 fährt der Wagen durch Leipzig-Thekla.

BAUREIHE 654

„Regio Sprinter“ von Siemens-Duewag

„Regio Sprinter“ werden in Deutschland nur von der Rurtalbahn und der Vogtlandbahn eingesetzt. Die Rurtalbahn verkauft aber ihre Wagen und ersetzt sie nach und nach durch „LINT 41“.

Der dreiteilige von Siemens entwickelte „Regio Sprinter“ ist für den schnellen Regionalverkehr vorgesehen. Die Dürener Kreisbahn (DKB) hatte Anfang der 1990er-Jahre Bedarf an einem leichten und kostengünstigen Regionalbahn-Triebwagen. Weil von der Industrie kein geeignetes Fahrzeug angeboten wurde, wandte sie sich an die Duewag AG, bei der sie 1993 17 speziell für die DKB entwickelte Regio Sprinter bestellte. 1995 wurden die Wagen geliefert.

Zwischen den beiden Endmodulen mit je einem angetriebenen Radsatz läuft ein kurzes Mittelteil auf zwei antriebslosen Radsätzen. Der geschweißte Wagenkasten besteht aus dem Untergestell, den Seitenwänden und den Dachmodulen. Pro Wagenseite ermöglichen zwei doppelflügelige, elektrisch angetriebene Schwenkschiebetüren einen schnellen Fahrgastwechsel. Die Wagen der Rurtalbahn haben normale Schraubenkupplungen und Seitenpuffer. Die Fahrzeuge der Vogtlandbahn sind mit automatischen Scharfenbergkupplungen ausgerüstet.

Zwei getrennte Antriebsanlagen übertragen ihre Kraft auf je einen Radsatz. Zunächst wurden MAN-Motoren mit einer Leistung von 188 kW eingebaut. Spätere Bauserien bekamen 228 kW starke MAN-Motoren vom Typ D 2865 LU3. Ein hydrodynamisch-mechanisches Fünf-Gang-

Die Rurtalbahn nutzt ihre „Regio Sprinter“ auch als Werbeträger. Deshalb gab es Wagen in unterschiedlichen Farben.

Getriebe vom Typ ZF-Ecomat 5 HP 590 überträgt das Drehmoment der Fünfzylinder-Motoren mit Turbo-Aufladung auf die Radsätze.

Das Mittelteil und die hinteren Bereiche der Endmodule sind in Niederflurbauweise ausgeführt. Über den angetriebenen Radsätzen musste der Fußboden erhöht werden. Die Sitze sind in 2+2- und 2+3-Anordnung in offenen Abteilen aufgestellt. Neben den Einstiegen wurden Mehrzweckräume mit Klappsitzen eingerichtet. Zwei Luftheizaggregate sollen für ein angenehmes Klima sorgen. Die VBG rüstete in ihren Zügen Toiletten nach. Dies ermöglicht den Einsatz nach Tschechien.

In Deutschland werden die Regio Sprinter nur von der Rurtalbahn GmbH (RTB) und der Vogtlandbahn GmbH (VBG) eingesetzt. Die 17 Triebwagen der RTB fahren zwischen Düren und Heimbach, Düren und Linnich und an den Wochenenden auf der Bördebahn zwischen Düren und Euskirchen. 2002 wurde ein Regio Sprinter für Sonderfahrten mit einer Küche, Schränken, einer Garderobe, drei Stehtischen, beleuchteten Tischen im Bereich der Vis-à-vis-Bestuhlung und einer Musikanlage ausgestattet. Von außen fällt der Wagen durch Motive des Künstlers Otmar Alt auf.

Die 18 Regio Sprinter der VBG fahren bevorzugt auf den Linien Zwickau–Klingenthal–Kraslice (– Karlovy Vary), Zwickau (Sachs) Hbf–Reichenbach (Vogtland)–Herlasgrün–Plauen (Vogtland)–Adorf und Hof–Plauen (Vogtland)–Adorf. 1999 wurden die Wagen der VBG unter anderem mit Bremslichtern und Blinkern ausgerüstet, sodass sie nach den Bestimmungen der BOStrab auch auf den Straßenbahngleisen in der Zwickauer Innenstadt fahren dürfen.

Die Triebwagen der Vogtlandbahn haben Blinker, Rücklichter und Rückspiegel. So können sie auch nach der „Bau- und Betriebsordnung für Straßenbahnen" (BOStrab) im Stadtgebiet von Zwickau eingesetzt werden.

TECHNISCHE DATEN
Länge über Puffer: 24.800 mm
Radsatzfolge: A'2A'
Treibraddurchmesser: 760 mm
Laufraddurchmesser: 520 mm
Gesamter Achsstand: 16.600 mm
Dienstmasse: 31,9 t
Maximale Radsatzlast: 16 t
Höchstgeschwindigkeit: 100 km/h
Leistung: 2 x 228 kW
Motorbauart: 5-Zylinder-Reihenmotor
Leistungsübertragung: hydrodynamisch
Antrieb: Gelenkwelle, Radsatzgetriebe
Indienststellung: 1995–1999

Dank einer Mehrfachsteuerung können Züge aus mehreren Wagen von einem Führerstand aus gesteuert werden.

BAUREIHE 672

Von der Karsdorfer Eisenbahn

Die Triebwagen der Baureihe 672 gehören DB Regio, werden aber von der Burgenlandbahn in Sachsen-Anhalt eingesetzt. Sie sind silberfarben mit gelben Flächen lackiert.

TECHNISCHE DATEN
Länge über Puffer: 16.540 mm
Radsatzfolge: A'1'
Treibraddurchmesser: 760 mm
Gesamter Achsstand: 9.000 mm
Dienstmasse: 25,2 t
Maximale Radsatzlast: 16,9 t
Höchstgeschwindigkeit: 100 km/h
Leistung: 265 kW
Motorbauart: 6-Zylinder-Reihenmotor
Leistungsübertragung: hydrodynamisch
Antrieb: Gelenkwelle, Radsatzgetriebe
Indienststellung: 1998–1999

Anfang 2004 übernahm die DB 19 Triebwagen der insolventen Karsdorfer Eisenbahngesellschaft (KEG) und reihte sie als Baureihe 672 in ihren Bestand ein. Bei den Fahrzeugen handelt es sich um zweiachsige Schienenbusse der Bauart LVT/S (Leichtverbrennungstriebwagen und Schienenbus) der Deutschen Waggonbau AG in Bautzen. 1996 hatte das Unternehmen die Triebwagen auf der „Innotrans" in Berlin vorgestellt.

Für die Konstruktion der zweiachsigen Leichttriebwagen nutzte der Hersteller bewährte Großserienkomponenten des Bus- und Straßenbahnbaus. Radial einstellbare Einzelradlaufwerke sollen eine gute Kurvengängigkeit gewährleisten. Die Walzprofile und Bleche bestehen zum Großteil aus rostfreiem Edelstahl. Durch den modularen Aufbau lassen sich Raumaufteilung und Ausstattung an die Wünsche der Kunden anpassen. Die Wagen der DB haben spezielle, von der Karsdorfer Eisenbahn entwickelte Mittelpufferkupplungen.

Unter dem hochflurigen Bereich am Wagenende liegt der Sechszylinder-Dieselmotor. Er überträgt sein Drehmoment auf ein automatisches Getriebe von Voith und weiter über eine Gelenkwelle auf das Achswendegetriebe im Radsatz. Dank ihrer Mehrfachsteuerung lassen sich bis zu vier Triebwagen von einem Führertisch aus steuern.

Im Fahrgastraum sind je fünf Sitze nebeneinander in Reihe aufgestellt oder vis-à-vis zu offenen Abteilen zusammengefasst. Die Einstiegstüren sind in der Mitte des Großraums im Niederflurbereich. Hier sind Klappsitze montiert, sodass außer Rollstühlen auch Kinderwagen oder Fahrräder abgestellt werden können. Im Niederflurbereich ist eine Toilette.

Alle zwanzig Wagen befinden sich noch im Bestand von DB Regio. 672 919 und 920 sind noch im Leipzig beheimatet, sind aber von der nächsten Untersuchung zurückgestellt. Die anderen werden in Magdeburg-Buckau betreut und von der Burgenlandbahn in Sachsen-Anhalt eingesetzt.

Schmalspur-Triebwagen der HSB

Die vom Fahrzeugwerk Halberstadt gebaute Serie Schmalspurtriebwagen umfasst die Fahrzeuge 187 016 bis 019. Sie werden meist im Vorortverkehr von Nordhausen eingesetzt.

Um ihren Betrieb besonders in Tagesrandlagen sowie im Schüler- und Pendlerverkehr – bei dem kaum Touristen unterwegs sind und damit der Einsatz von Dampflokomotiven nicht nötig ist – zu rationalisieren, haben die Harzer Schmalspurbahnen auch einige Dieseltriebwagen in ihrem Bestand.

Die Hauptlast dabei tragen die vier 1999 im DB-Werk Fahrzeugbau Halberstadt gefertigten Wagen 187 016 bis 019.

Dank einer Vielfachsteuerung können mehrere Wagen zu einem Zug gekuppelt und von einem Führerstand aus bedient werden. Auch das Fahren mit dem Wagen 187 015 im Verband ist möglich. Die Triebwagen haben die bei der HSB üblichen Kupplungen und sind so motorisiert, dass auch Reisezug- und Güterwagen mitgenommen werden können.

Die vier Fahrzeuge werden vorwiegend im Vorortverkehr zwischen Nordhausen Nord und Ilfeld sowie auf der Verbindung zwischen Nordhausen und Alexisbad eingesetzt.

Der 187 012

Im April 1995 kaufte die HSB mit den beiden Triebwagen 187 011 und 013 auch den Triebwagen T 3 der Langeooger Inselbahn. Er bekam die Nummer 187 012. Die drei Wagen waren eigentlich nur zur Überbrückung gedacht, bis die Wagen 187 016 bis 019 zur Verfügung standen. Sie waren für den Vorortverkehr zwischen Nordhausen und Ilfeld vorgesehen. Bevor sie eingesetzt werden konnten, musste besonders der 187 012 an den Einsatz im Harz angepasst werden. Weil hier nicht alle Bahnsteige auf einer Seite liegen, bekam der Wagen im Ausbesserungswerk Halberstadt auf jeder Seite zwei neue Schwenkschiebetüren.

Die beiden Büssing-Motoren leisten je 155 kW und beschleunigen den Wagen auf eine Höchstgeschwindigkeit von 60 km/h.

TECHNISCHE DATEN 187 016–019
Länge über Puffer: 17.300 mm
Radsatzfolge: B'2'
Treibraddurchmesser: 725 mm
Gesamter Achsstand: 10.700 mm
Dienstmasse: 34 t
Höchstgeschwindigkeit: 50 km/h
Leistung: 242 kW
Motorbauart: 6-Zylinder-Dieselmotor
Leistungsübertragung: hydrodynamisch
Antrieb: Gelenkwelle, Radsatzgetriebe
Indienststellung: 1999

Der 187 012 kam von der Inselbahn Langeoog, dort war er bis 1995 als T 3 unterwegs. Er hat zwei Motoren mit einer Leistung von je 155 kW.

TECHNISCHE DATEN 187 012

- Länge über Puffer: 16.130 mm
- Radsatzfolge: B'B'
- Treibraddurchmesser: 850 mm
- Gesamter Achsstand: 13.560 mm
- Dienstmasse: 31,6 t
- Höchstgeschwindigkeit: 60 km/h
- Leistung: 2 x 155 = 310 kW
- Motorbauart: 6-Zylinder-Dieselmotor
- Leistungsübertragung: hydrodynamisch
- Antrieb: Gelenkwelle; Radsatzgetriebe
- Indienststellung: 1955

Weil der Triebwagen mit Rückspiegeln, Bremsleuchten und einer Glocke ausgestattet wurde, kann er auch nach der „Bau- und Betriebsordnung für Straßenbahnen" (BOStrab) eingesetzt werden.

Nachdem im Mai 2004 die Stadtbahnlinie 10 zwischen Nordhausen Krankenhaus und Ilfeld Neanderklinik in Betrieb gegangen ist, wurde ein Teil der Triebwagen einem Reservepark zugeteilt, denn hier fahren nun die als 187 201 bis 203 bezeichneten Hybrid-Straßenbahnen.

Der 187 015

Mitte der 1990er-Jahre entwickelte das Ausbesserungswerk Wittenberge der DB AG das Konzept „SmVT 2000" (Schmalspur-Verbrennungstriebwagen). Dank einer modularen Angebotspalette war es möglich, Triebwagen für unterschiedliche Spurweiten anzubieten und so Dampfloks auf zahlreichen Schmalspurstrecken im In- und Ausland abzulösen.

Im Frühjahr 1996 stand ein erster Prototyp zur Verfügung, den die HSB ankaufte und als 187 015 in ihren Bestand einreihte. Mit ihm sollten erste Erfahrungen gesammelt werden, die sich später im Bau von Serienfahrzeugen niederschlagen sollten. Ein Nachbau unterblieb, stattdessen lieferten die „Spezialwerke Fahrzeugbau Halberstadt" die 187 016 bis 019.

Der Wagenkasten wurde in Stahlleichtbauweise gefertigt. Klappstufen unter den zweiteiligen Schwingtüren erleichtern das Ein- und Aussteigen. Der Cummins-Sechszylinder-Dieselmotor wirkt über ein Strömungsgetriebe auf ein Triebdrehgestell, das zweite Drehgestell ist ohne Antrieb. Der zunächst himbeerrote Wagen bekam inzwischen den rot/beigefarbenen Regelanstrich der HSB und ist unter anderem auch auf der Selketalbahn unterwegs. Auch er hat eine Zulassung nach BOStrab.

TECHNISCHE DATEN 187 015

- Länge über Puffer: 16.050 mm
- Radsatzfolge: B'2'
- Treibraddurchmesser: 725 mm
- Gesamter Achsstand: 10.700 mm
- Dienstmasse: 35 t
- Höchstgeschwindigkeit: 50 km/h
- Leistung: 235 kW
- Motorbauart: 6-Zylinder-Dieselmotor
- Leistungsübertragung: hydrodynamisch
- Antrieb: Gelenkwelle; Radsatzgetriebe
- Indienststellung: 1996

Der 187 015 ist ein Prototyp aus dem DB-AW Wittenberge. Ein Serienbau unterblieb, sodass der Wagen ein Einzelstück ist.

BAUREIHE 701, 702

Turmtriebwagen

Mit der fortschreitenden Elektrifizierung in den 1950er-Jahren entstand bei der DB Bedarf an modernen Wartungsfahrzeugen. Der Bau von Schienenbussen war zu dieser Zeit in vollem Gange. Die DB entschied deshalb, den neuen Turmtriebwagen aus ihnen abzuleiten. Der auffälligste Unterschied besteht außer den technischen Einrichtungen im höheren Wagenkasten.

1955 wurde eine erste Serie der Turmtriebwagen abgeliefert, die sich durch schwächere Motoren mit einer Leistung von nur 191 kW von ihren Nachfolgern unterschied. Ab der zweiten Lieferserie hatten die Wagen eine Leistung von 220 kW.

Der geschweißte Wagenkasten besteht aus gewalzten Stahlleichtprofilen. Das Untergestell ist ebenfalls geschweißt. Es sind normale Kupplun-

Der 701 099 wurde 2008 von der DB ausgemustert und an die Aggerbahn Andreas Voll e. K. verkauft. Dort bekam er wieder sein altes DB-Aussehen, in dem er heute noch unterwegs ist.

Die Bahnservice Mannheim GmbH (BSM) hat den 701 014 im Bestand. Er zeigt sich in der gelben DB-Ausführung der 1980er-Jahre.

Im Dezember 1998 wurde der 701 017 zum Diagnose-VT umgebaut. Auch 2017 gehörte er noch zum Einsatzbestand von DB Netze. Am 4. März 2015 ist er bei Stuttgart-Bad Cannstatt unterwegs.

TECHNISCHE DATEN

Länge über Puffer: 13.950 mm

Radsatzfolge: AA

Treibraddurchmesser: 900 mm

Gesamter Achsstand: 6.000 mm

Dienstmasse: 25,3 [1]; 26 [2] t

Höchstgeschwindigkeit: 90 km/h

Leistung: 2 x 95,5 [1]; 2 x 110 kW

Motorbauart: 6-Zylinder-Dieselmotor

Leistungsübertragung: mechanisch

Antrieb: Gelenkwellen

Indienststellung: 1955–1974

[1] erste Bauserie;
[2] Baureihe 702

gen und Puffer montiert, so können auch Wagen mitgenommen werden. Den Antrieb übernehmen zwei unterflur aufgehängte Motoren. Eine hydrodynamische Bremse und eine Magnetschienenbremse unterscheiden die Baureihe 702 von der Baureihe 701.

Zwischen den Endführerständen befindet sich der Werkstatt- und Aufenthaltsraum mit Werkbank, Regalen, Sitz- und Waschgelegenheit. Den größten Teil des Dachs nimmt eine hydraulisch heb- und schwenkbare Arbeitsbühne mit einer Tragfähigkeit von 300 kg ein. Sie besteht aus verschweißten Stahlblechen und -profilen. Mit dem Stromabnehmer zur Erdung und Prüfung der Fahrleitung kann die Lage des Fahrdrahts und die anliegende Spannung kontrolliert werden. Eine Beobachtungskanzel und Suchscheinwerfer sind ebenfalls auf dem Dach montiert.

Fünf Wagen wurden zum Diagnose-VT für die Laser-Vermessung und Video-Überwachung von Oberleitungsanlagen umgerüstet. Davon werden noch die drei Wagen der Baureihe 701 von DB Fahrwegdienste von Minden aus eingesetzt. Die beiden Diagnose-VT der Baureihe 702 waren von ihrer nächsten Untersuchung zurückgestellt. Außerdem hatte DB Fahrwegdienste noch den nicht umgebauten 702 201 im Bestand. 701 079 von DB Netze war in Bremerhaven abgestellt. Zahlreiche Turmtriebwagen wurden von privaten EVU übernommen und sind weiterhin im Einsatz. Einige von ihnen in der ursprünglichen roten DB-Ausführung, andere in den Hausfarben der Besitzer.

Die AVG hat den 702 131 von der DB AG übernommen. Unter seiner neuen Nummer 480 steht er neben einer AVG-Diesellok im Lokschuppen von Ettlingen.

BAUREIHE 702^2

Der neue Diagnosetriebwagen „DVT"

Die kleinen Außenabmessungen des Wagens ermöglichen auch einen Einsatz auf den S-Bahn-Strecken in Berlin und Hamburg.

TECHNISCHE DATEN
Radsatzfolge: B'B'
Länge über Puffer: 23.000 mm
Achsstand im Drehgestell: 2.500 mm
Dienstmasse: 78 t
Höchstgeschwindigkeit: 140 km/h
Kraftübertragung: hydraulisch
Indienststellung: 2014

Weil die Bahn in absehbarer Zeit ihren Bestand an Messfahrzeugen erneuern und vereinheitlichen will, hat sie mit Plasser & Theurer einen Rahmenvertrag über den Kauf unterschiedlicher multifunktionaler Mess-Triebwagen geschlossen. Als erster Vertreter der neuen Generation war der Gleismesstriebzug 702^2 auf der Innotrans 2014 in Berlin zu sehen.

Der einteilige Triebwagen ist für Messungen im Bereich der Oberleitung und zur Prüfung der Gleisgeometrie vorgesehen. Dafür hat er unter anderem einen Messstromabnehmer neben der Arbeitsbühne auf dem Dach. Mit einer Höchstgeschwindigkeit von 140 km/h kann er seine Aufgaben im laufenden Planbetrieb erfüllen. Außerdem ist er dem kleineren Lichtraumprofil der Berliner und der Hamburger S-Bahn angepasst und kann so auch auf deren Strecken Messungen durchführen.

Beheimatet ist der gelb lackierte Wagen in Minden. Er gehört DB Fahrwegmessung.

Dank einer Höchstgeschwindigkeit von 140 km/h kann der 702 201 seine Untersuchungen im laufenden Betrieb durchführen.

BAUREIHE 703^0

Der erste IFO

Neun Exemplare der „IFO" Baureihe 703^0 kamen 1995/96 zur DB AG. 2017 waren nur noch zwei im Dienst.

TECHNISCHE DATEN
Länge über Puffer: 13.940 mm
Radsatzfolge: B
Treibraddurchmesser: 840 mm
Gesamter Achsstand: 8.000 mm
Dienstmasse: 32 t
Maximale Radsatzlast: 20 t
Höchstgeschwindigkeit: 90 km/h
Leistung: Fahrmotor 213 kW Hilfsmotor 81 kW
Motorbauart: Fahrmotor 5-Zylinder-Motor Hilfsmotor 4-Zylinder-Motor
Leistungsübertragung: hydrodynamisch
Antrieb: Gelenkwellen, Radsatzgetriebe
Indienststellung: 1996

Die „Instandhaltungsfahrzeuge für Oberleitungsanlagen" (IFO) der Baureihe 703^0 wurden als Nachfolgebauart für ältere Turmtriebwagen von der DB beschafft. Die ehemalige Windhoff AG in Rheine lieferte neun Exemplare.

Auf einer Hälfte des geschweißten selbsttragenden Rahmens sitzt der schallgedämmte Aufbau, die andere Hälfte des Rahmens ist der Arbeitsbühne vorbehalten. Zur unterflur aufgehängten Antriebsanlage gehört ein wassergekühlter Fünfzylinder-Dieselmotor von MAN. Ein nachgeschaltetes, hydrodynamisches Lastschaltgetriebe und Gelenkwellen übertragen das Drehmoment auf ein Zwischengetriebe; von dort wird es auf die Achsgetriebe der beiden Radsätze geleitet. Ein zweiter MAN-Motor versorgt die Hydraulikantriebe der Arbeitsgeräte. Eine Dachkanzel ermöglicht die Beobachtung des Mess-Stromabnehmers. Auf der Plattform ist ein Hubsteiger montiert. Such- und Arbeitsscheinwerfer ermöglichen das Arbeiten auch bei Dunkelheit.

2017 waren nur zwei Exemplare im Bestand von DB Netze. 703 004 war in Duisburg zu Hause, 703 005 in Singen.

Die zweiachsigen Wagen erreichen mit einer Leistung von 213 kW eine Höchstgeschwindigkeit von 90 km/h.

Der neue IFO

Zehn Wagen der Baureihe 703 werden von DB Netze in ganz Deutschland eingesetzt. Sie stammen von der Gleisbaumechanik Brandenburg.

Ab der Jahrtausendwende traten die Instandhaltungsfahrzeuge für Oberleitungsanlagen (IFO) der Baureihe 703^1 die Nachfolge der Baureihe 703^0 an. Hersteller der zehn ausgelieferten Wagen war die GBM Gleisbaumechanik Brandenburg GmbH.

Der Aufbau der Fahrzeuge besteht aus einer Kabine und einer Ladepritsche mit Hubarbeitsbühne. Für den geschweißten Rahmen wurden gewalzte, kastenförmige Stahlprofile verwendet. Normale Kupplungen und Puffer erlauben das Mitführen von Wagen. In der Kabine sind zwei Fahrpulte, sieben Sitzplätze und eine kleine Werkbank montiert. Außerdem gibt es eine Waschgelegenheit und einen Kühlschrank. Der Sechszylinder-Dieselmotor wird bei Streckenfahrten verwendet, für die Arbeitsfahrten steht ein Vierzylinder-Motor zur Verfügung.

Zur Ausstattung gehören eine Fahrdraht- und Tragseil-Anhebevorrichtung, eine Außenbeleuchtung für Nachtarbeiten und ein Mess-Stromabnehmer zur Kontrolle der Fahrdrahtlage auf dem Wagendach.

TECHNISCHE DATEN
Länge über Puffer: 14.950 mm
Radsatzfolge: B
Treibraddurchmesser: 840 mm
Gesamter Achsstand: 8.300 mm
Dienstmasse: 39,2 t
Maximale Radsatzlast: 20 t
Höchstgeschwindigkeit: 100 km/h
Leistung: Fahrmotor 338 kW Hilfsmotor 89 kW
Motorbauart: Fahrmotor 6-Zylinder-Motor Hilfsmotor 4-Zylinder-Motor
Leistungsübertragung: hydrodynamisch
Antrieb: Gelenkwellen, Radsatzgetriebe
Indienststellung: 2000–2001

Auf der Plattform befindet sich ein Hubsteiger mit einem Mannkorb. Er kann mit einer Handsteuerung bis auf eine Arbeitshöhe von 14 Metern gebracht werden.

BAUREIHE 705^0

Tunnelinstandhaltungsfahrzeug (TIF)

Der Tunneluntersuchungswagen 705 001 hat den Tunnel-Igel 712 001 abgelöst. Er ist in Duisburg beheimatet.

TECHNISCHE DATEN

- Länge über Puffer: 15.920 mm
- Radsatzfolge: 2'B'
- Treibraddurchmesser: 840 mm
- Achsstand im Drehgestell: 1.800 mm
- Gesamter Achsstand: 11.300 mm
- Dienstmasse: 52 t
- Höchstgeschwindigkeit: 120 km/h
- Leistung: 367 kW + 44 kW (Hilfsmotor)
- Motorbauart: 12-Zylinder-Dieselmotor 4-Zylinder-Hilfsdieselmotor
- Leistungsübertragung: hydrodynamisch
- Antrieb: Gelenkwellen
- Indienststellung: 1992

Als Basis für den neuen Tunneluntersuchungswagen diente das Fahrgestell des Motorturmtriebwagens MTW 100 der Österreichischen Bundesbahnen ÖBB.

Sein Rahmen ist eine selbsttragende, geschweißte Stahlkonstruktion aus Walzprofilen und Stahlblechen. Der Wagenkasten unterteilt sich in die beiden Führerstände, einen Mehrzweckraum für das Begleitpersonal zum Wohnen, Kochen und Schlafen, einen Büroraum zur Auswertung der Befunde, einen Aufenthaltsraum für den Untersuchungstrupp und eine Nasszelle mit Dusche und WC.

Auf dem Dach sind an den Enden Arbeits- bzw. Begutachtungsplattformen und eine Hubdrehbühne montiert. Ein Kran auf der Plattform am Führerraum 2 und Lampen zur Ausleuchtung der Tunnel erleichtern die Arbeit. Auf der Plattform am vorderen Ende ist ein schwenkbarer Hubsteiger installiert. Der Arbeitskorb kann zwei Personen aufnehmen und erreicht eine Arbeitshöhe von bis zu elf Metern.

Den Antrieb bei Überführungsfahrten besorgt ein zwölfzylindriger KHD-Dieselmotor der Bauart BF 12 L 513 C, der beide Radsätze eines Drehgestells antreibt. Für die Energieversorgung und Fahrten zwischen 0,5 und 7 km/h dient ein schadstoffarmer Vierzylinder-Dieselmotor der Bauart BF 4 L 1011 T mit hydrostatischem Antrieb, ebenfalls von KHD.

Im Oktober 1992 kam das Tunnelinstandhaltungsfahrzeug in den Bestand der DB und wurde zunächst vom BZA Minden ausgiebig untersucht. Im April 1993 wurde er dann in Karlsruhe beheimatet. Anfang 1994 wurde der vierachsige Wagen von der Deutschen Bahn AG übernommen und weiterhin eingesetzt. 2017 war er in Duisburg zu Hause.

BAUREIHE 705[1]

Instandhaltungsfahrzeug für Strecken

Die beiden neuen Instandhaltungsfahrzeuge für die Streckeninfrastruktur wurden von DB Netze als 705 101 und 102 eingereiht.

Unter der Baureihe 705[1] stellte DB Netze ab 2016 zwei neue Instandhaltungsfahrzeuge für die Streckeninfrastruktur in Dienst. Sie basieren auf der Fahrzeug-Plattform „Multifunktionale Instandhaltungsfahrzeuge für die Schieneninfrastruktur" (MISS). Die Wagen waren 2017 in Duisburg und Berlin beheimatet.

Die Wagen sind mit modernster Motor- und Abgastechnik ausgestattet. So haben sie je zwei Ad-Blue-Harnstofftanks zur Abgasreinigung. Hinter der großen Kabine mit Führerstand und Messräumen befindet sich eine Plattform mit einer Hubarbeitsbühne. Am anderen Ende ist eine kleine Kabine mit einem Führerstand angeordnet.

Einige Fahrzeuge werden mit ETCS ausgestattet, sodass sie auch auf der Schnellfahrstrecke Nürnberg–Berlin eingesetzt werden können.

Die einteiligen Wagen kommen von Plasser & Theurer. Sie sollen zur Instandhaltung der rund 700 Tunnel auf dem Streckennetz der DB genutzt werden.

TECHNISCHE DATEN
Länge über Puffer: 23.000 mm
Radsatzfolge: B'B'
Gesamter Achsstand: 17.900 mm
Dienstmasse: 78 t
Höchstgeschwindigkeit: 130 km/h
Leistung: 2 x 480 = 960 kW
Leistungsübertragung: hydraulisch
Indienststellung: 2016

Blick in den Führerstand der Baureihe 705[1]. Drei Bildschirme übertragen alle Informationen auf das Führerpult.

BAUREIHE 707

Kleiner Wartungstriebwagen

Von den Motorturmwagen MTW 100 hat DB Netze sieben Fahrzeuge im Bestand. Zwei von ihnen tragen die Nummern 707 001 und 002.

Für Montage und Wartung der Oberleitung hat die DB unterschiedliche Fahrzeuge im Bestand; dazu gehören auch die von Plasser & Theurer gefertigten Motorturmwagen des Typs MTW 100.

Die vierachsigen Fahrzeuge haben einen dieselhydraulischen Antrieb mit einem Rußpartikelfilter. Er erleichtert das Arbeiten in Tunneln. Mit der Vielfachsteuerung können mehrere MTW 100 von einem Führerstand aus bedient werden. Außerdem können die Fahrzeuge über Funk ferngesteuert werden. Etwa ein Drittel der Länge nimmt die klimatisierte Kabine ein. In der Mitte des Wagens befindet sich eine Hubarbeitsbühne mit Arbeitskorb. Sie kann auf eine Höhe von 8,50 m ausgefahren werden, waagerecht können Arbeitsorte mit einem Abstand von 8 m erreicht werden. Die Arbeitsbühne lässt sich drehen und ist mit einer Sprechanlage ausgestattet. Den Rest beansprucht eine Ladefläche. Zu den Sicherheitseinrichtungen gehören unter anderem GSM-R (Global System for Mobile Communications – Railway) und EBuLa (Elektronischer Buchfahrplan und Langsamfahrstellen), außerdem eine Gegengleissperre.

TECHNISCHE DATEN

- Länge über Puffer: 12.840 mm
- Radsatzfolge: B'2'
- Achsstand : 8.000 mm
- Dienstmasse: 35 t
- Höchstgeschwindigkeit: 100 km/h
- Kraftübertragung: hydraulisch
- Indienststellung: 2004–2006

Die vierachsigen Turmwagen haben eine große, klimatisierte Kabine und eine Plattform mit einer schwenkbaren Hubarbeitsbühne.

BAUREIHE 708³

Der Oberleitungstriebwagen (ORT)

Zur Wartung ihres elektrifizierten Streckennetzes beschaffte die DR der DDR zwischen 1987 und 1991 die Oberleitungstriebwagen der Baureihe 708. Auf der Leipziger Messe 1987 wurden die Wagen erstmals vorgestellt. In Halle und Dresden testete die Reichsbahn ausgiebig die beiden vom VEB Waggonbau Görlitz gelieferten Musterfahrzeuge. 1989 begann die Serienfertigung und bis 1991 wurden 37 Fahrzeuge hergestellt.

Kasten und Rahmen sind geschweißt, ihre selbsttragende Konstruktion ist von außen beblecht. Das Untergestell ist für den Einbau einer automatischen Mittelpufferkupplung eingerichtet. Die geschweißten Drehgestelle gehören zur modifizierten Bauart „Görlitz V". Trieb- und Laufdrehgestelle sind nahezu baugleich. Die selbsttätige, indirekt wirkende Druckluft-Scheibenbremse wirkt auf alle vier Radsätze. Während im Triebdrehgestell nur zwei Bremsscheiben je Radsatz zu finden sind, haben die Radsätze der antriebslosen Drehgestelle vier Bremsscheiben.

Der Sechszylinder-Dieselmotor überträgt sein Drehmoment über ein Strömungsgetriebe auf das Achsgetriebe. Er beschleunigt die Wagen auf 100 km/h. Die Anhängelast beträgt 50 t.

Der Innenraum ist unterteilt in die Führerräume, den Werkstattraum und einen Aufenthaltsraum mit Sitzgelegenheiten, Tisch, einer Küchenzeile und Schränken. Im Werkstattraum können Werkzeuge und Materialien in Regalen und Schränken verstaut werden. Den Mitarbeitern steht eine Toilette mit Waschbecken zur Verfügung. Auf dem Dach sind eine Arbeitsbühne, ein Mess-Stromabnehmer, eine Beobachtungskanzel und Scheinwerfer installiert. Eine Leiter kann auf 18 Meter Länge ausgefahren werden. Die Bühne ist um 100 Grad nach beiden Seiten drehbar und kann um zwei Meter angehoben werden.

2017 waren noch 20 Exemplare im Bestand von DB Netze, wovon aber 708 310 von einer Untersuchung zurückgestellt war. Sie waren nahezu über das ganze Streckennetz der DB verteilt.

Von den ehemals 37 Wagen der Baureihe 708 waren 2017 noch 20 übrig. Dazu gehörte auch der 708 329 aus Ulm.

TECHNISCHE DATEN

Länge über Puffer: 22.400 mm
Radsatzfolge: 2'B'
Treibraddurchmesser: 920 mm
Achsstand im Drehgestell: 2.500 mm
Gesamter Achsstand: 18.300 mm
Dienstmasse: 61 t
Höchstgeschwindigkeit: 100 km/h
Leistung: 330 kW
Motorbauart: 6-Zylinder-Dieselmotor
Leistungsübertragung: mechanisch
Antrieb: Gelenkwellen, Radsatzgetriebe
Indienststellung: 1987–1991

BAUREIHE 709

Noch von der Reichsbahn bestellt

Die gelben Motorturmwagen der Baureihe 709 basieren auf den österreichischen MTW 100.013/2 und wurden in nur drei Exemplaren gebaut. Hier steht einer der Wagen am 5. Dezember 2013 in Berlin.

TECHNISCHE DATEN

Länge über Puffer: 15.840 mm

Radsatzfolge: B'2'

Treibraddurchmesser: 840 mm

Achsstand im Drehgestell: 1.800 mm

Gesamter Achsstand: 11.300 mm

Dienstmasse: 59 t

Höchstgeschwindigkeit: 120 km/h

Leistung: 367 kW + 44 kW (Hilfsmotor)

Motorbauart: 12-Zylinder-Dieselmotor 4-Zylinder-Hilfsdieselmotor

Leistungsübertragung: hydrodynamisch

Antrieb: Gelenkwellen

Indienststellung: 1993–1994

Die Deutsche Reichsbahn bestellte 1992 bei Plasser & Theurer drei vierachsige Oberleitungsrevisionstriebwagen der Baureihe 709. Sie wurden aus den für Österreich gebauten MTW 100.013/2 abgeleitet und Ende 1993, Anfang 1994 ausgeliefert.

Mit der Baureihe 709 wollte die Reichsbahn den Bestand an Turmtriebwagen aufstocken, denn von ursprünglich 50 vorgesehenen Wagen der Baureihe 708 wurden nur 37 Exemplare geliefert. Durch die Gründung der DB AG 1994 wurden keine weiteren 709er mehr beschafft.

Der 709 003 wurde bereits ausgemustert, die beiden anderen Wagen sind noch im Bestand und in Seddin (709 001) und Kassel (709 002) beheimatet.

Der unterflur angeordnete Zwölfzylinder-Dieselmotor von KHD, Typ B FL 513 C, treibt über Gelenkwellen und ein hydrodynamisches Getriebe die Radsätze eines Drehgestells an. Der Wagen kann damit eine Höchstgeschwindigkeit von 120 km/h erreichen. Für niedrige Geschwindigkeiten ist ein Vierzylinder-Motor von KHD mit einer Leistung von 44 kW eingebaut. Die Arbeitsgeschwindigkeit beträgt nur 5 km/h.

Zwischen den beiden Endführerständen befinden sich der Werkstattraum, Aufenthaltsräume für sieben Personen mit einer Kochnische und ein Messplatz mit Videoüberwachung für die Fahrleitung. An einem Ende befindet sich eine Plattform auf der ein Kran montiert ist. Das Dach ist mit einer schwenkbaren Hubarbeitsbühne, einer Seildrückanlage, zwei Fahrdrahtmessanlagen und einem Prüfstromabnehmer bestückt.

BAUREIHE 711^0

Der erste „HIOB“

Bei DB Netze waren 2017 nur noch 711 003 und 005 aktiv. 711 004 und 008 waren von einer Untersuchung zurückgestellt, die übrigen nicht mehr im Bestand.

Die Flotte der Turmtriebwagen der DB wurde Mitte der 1990er-Jahre durch die „Hubarbeitsbühnen-Instandhaltungsfahrzeuge Oberleitungsanlagen“ (HIOB) als Baureihe 711^0 ergänzt.

Rahmen und Wagenkasten bestehen aus einer geschweißten Stahlkonstruktion. Der Kastenaufbau erstreckt sich über die gesamte Länge des vierachsigen Fahrzeugs. Zwischen den Führerständen sind ein Werkstattraum und ein großer Aufenthaltsraum mit Küche und Sitzecke sowie die Nasszelle und eine Vakuum-Toilette angeordnet. Auf dem Dach ist zusätzlich zur frei schwenkbaren Hubarbeitsbühne eine Scherenhubbühne montiert. Beide Bühnen können zu einer großen Arbeitsplattform vereint werden. Zudem sind auf dem Dach ein Lehrstromabnehmer, eine Aussichtskanzel, eine Videokamera und Scheinwerfer installiert.

Eines der beiden Drehgestelle wird von einem MAN-Sechszylinder-Dieselmotor der Bauart D 0824 mit Rußfilteranlage angetrieben. Die Kraftübertragung erfolgt über ein hydromechanisches Getriebe und Gelenkwellen. Für Hydraulikgeräte und für den unteren Geschwindigkeitsbereich kann der Arbeits- und Fahrmotor mit einer Leistung von 118 kW zugeschaltet werden.

Von den ursprünglich neun Wagen sind bei DB Netze nur noch vier im Bestand. Zwei von ihnen werden aber nicht mehr eingesetzt, vier wurden an Railsystems PR verkauft, die sie weiterhin nutzt.

TECHNISCHE DATEN

Länge über Puffer: 17.240 mm

Radsatzfolge: B'2'

Treibraddurchmesser: 840 mm

Achsstand im Drehgestell: 1.800 mm

Gesamter Achsstand: 12.800 mm

Dienstmasse: 66 t

Höchstgeschwindigkeit: 120 km/h

Leistung: 338 kW + 118 kW (Hilfsmotor)

Motorbauart: 6-Zylinder-Reihenmotor 4-Zylinder Reihenhilfsmotor

Leistungsübertragung: hydrodynamisch

Antrieb: Gelenkwellen, Radsatzgetriebe

Indienststellung: 1996–1997

711 007 ist einer von vier Wagen, die an Railsystems PR verkauft wurden. Mit leicht modifiziertem Anstrich sind die Fahrzeuge weiterhin im Einsatz.

BAUREIHE 711^1

Der schnelle Turmtriebwagen

Für den bevorzugten Einsatz auf Schnellfahrstrecken beschaffte die DB ab 2002 die 160 km/h schnellen Triebwagen der Baureihe 711^1. DB Netze hat davon 22 Exemplare im Bestand.

TECHNISCHE DATEN

- Länge über Puffer: 26.640 mm
- Radsatzfolge: B'B'
- Treibraddurchmesser: 920 mm
- Achsstand im Drehgestell: 1.800 mm
- Gesamter Achsstand: 12.800 mm
- Dienstmasse: 77,5 t
- Höchstgeschwindigkeit: 160 km/h
- Leistung: 2 x 294 kW + 130 kW (Hilfsmotor)
- Motorbauart: 12-Zylinder-V-Motor 6-Zylinder-Reihenhilfsmotor
- Leistungsübertragung: hydrodynamisch
- Antrieb: Gelenkwellen, Radsatzgetriebe
- Indienststellung: 2002–2004

Um bei Schäden an der Oberleitung schnell vor Ort zu sein, beschaffte die Deutsche Bahn ab 2002 die 160 km/h schnellen Triebwagen der Baureihe 711^1. Die Wagen wurden bei der GBM Gleisbaumechanik Brandenburg in Kirchmöser gebaut. Die aerodynamischen Köpfe entstanden in Zusammenarbeit mit der Fahrzeugtechnik Dessau.

Die Aufbauten unterteilen sich in die beiden Kopfsegmente mit den 3.400 mm langen, klimatisierten Führerräumen und dem dazwischen liegenden Wagenkasten, in dem sich die Werkstatt, der Lagerraum, die Nasszelle und ein Sozialraum für acht Personen mit einem Tisch, einer vollständig eingerichteten Küchenzeile und einem Arbeitsplatz befinden.

Zur Arbeitsausstattung gehören eine frei schwenkbare Hubarbeitsbühne, eine Hubarbeitsbühne mit schwenkbarem Arbeitskorb, ein Fahrdraht- und Tragseildrücker, ein Stromabnehmer mit einstellbarer Anpresskraft sowie eine Videoanlage zur Beobachtung des Stromabnehmers.

Zwei Motoren treiben das Fahrzeug an. Ein weiterer Dieselmotor mit Rußpartikelfiltersystem versorgt die hydraulischen Einrichtungen und dient zur Schleichfahrt bei Arbeitseinsätzen. Die indirekt wirkende, selbsttätige, mehrlösige Scheibenbremse hat eine Gleit- und Schleuderschutzanlage sowie eine Sandstreuanlage. Sie wird durch eine Druckluft-Zusatzbremse, eine elektropneumatische Bremse, eine Magnetschienenbremse und eine Federspeicherbremse als Feststellbremse ergänzt.

Der erste Wagen, Nummer 711 101, war zu schwer ausgefallen und wurde von der DB deshalb nicht übernommen. Er wurde ausgeschlachtet und durch einen Nachbau mit der gleichen Nummer ersetzt. 2017 waren noch alle 22 der gelb lackierten Wagen im Bestand von DB Netze und in Werken in ganz Deutschland beheimatet.

BAUREIHE 711²

„IFO" der neuesten Generation

Von der Unterbaureihe 711² lieferte die Firma ROBEL zwischen 2009 und 2014 insgesamt 13 Exemplare an DB Netze. Die Aufnahme zeigt den 711 206 in Mainz.

Eine weitere Unterbauart der Reihe 711 sind die 13 von der ROBEL Bahnbaumaschinen GmbH ab 2009 gebauten Triebwagen. Deren selbsttragender Kasten besteht aus gewalzten Stahlprofilen. Die beiden Führerräume bieten dem Fahrzeugführer und einem Beimann Sitzplätze und verfügen über Rückfahrkameras. Hinter dem Führerraum 1 befindet sich ein Sozialraum mit Nasszelle und Küche. Danach folgt ein Arbeits- und Werkstattraum mit breiten Schiebetüren in den Seitenwänden. Mit einem Kran können hier auch schwere Lasten verladen werden. Wegen den normalen Zug- und Stoßvorrichtungen können zusätzliche Wagen mitgeführt werden. Auf dem Dach haben die Triebwagen einen Mess-Stromabnehmer, zwei Hubarbeitsbühnen sowie eine Fahrdraht- und Tragseil-Anhebevorrichtung. Eine Außenbeleuchtung erlaubt den Einsatz in der Dunkelheit. Als Antrieb dienen zwei Achtzylinder-Dieselmotoren von Deutz mit einer Leistung von jeweils 480 kW. Sie übertragen ihr Drehmoment auf alle Radsätze. Sollten die Fahrmotoren ausfallen, stellt ein weiterer Dieselmotor die Energie bereit, die benötigt wird, um die Arbeitsbühnen wieder in Ruhestellung zu bringen.

TECHNISCHE DATEN

Länge über Puffer: 24.500 mm

Radsatzfolge: B'B'

Achsstand: 19.500 mm

Dienstmasse: 76 t

Leistung: 2 x 480 = 960 kW

Höchstgeschwindigkeit: 140 km/h

Kraftübertragung: hydraulisch

Indienststellung: 2009–2014

Mit den „Instandhaltungsfahrzeugen für Oberleitung" (IFO) sollen Oberleitungsstörungen möglichst schnell entdeckt und behoben werden. Für den Neubau von Oberleitungen sind sie nicht vorgesehen.

Hochleistungs-Schneeschleuder

TECHNISCHE DATEN

Gesamtlänge: 16.500 mm
Radsatzfolge: B'B'
Treibraddurchmesser: 850 mm
Achsstand im Drehgestell: 2.000 mm
Gesamter Achsstand: 9.000 mm
Dienstmasse: 80 t
Höchstgeschwindigkeit: 120; 30[1] km/h
Leistung: Fahrmotor 605 kW Schleudermotoren 2 x 605 kW
Motorbauart: 12-Zylinder-Motor
Leistungsübertragung: hydrodynamisch
Antrieb: Gelenkwellen, Radsatzgetriebe
Indienststellung: 1994
[1] Arbeitsgeschwindigkeit

Für die Neubaustrecke Hannover–Würzburg beschaffte die DB eine leistungsfähige Schneeschleuder, die schnell am Einsatzort ist und eine hohe Arbeitsgeschwindigkeit erreicht.

Der um 180 Grad drehbare Wagenkasten trägt alle drei Motoren samt den zugehörigen Getrieben. Er teilt sich in den flachen Maschinenraum, das Führerhaus und den Schleudersatz. Das geräumige Führerhaus ist klimatisiert. Das Fahrzeug muss von zwei Mitarbeitern bedient werden. Einer fährt, der andere ist für die Bedienung der Schleudereinrichtung zuständig. Beheizbare Frontscheiben mit rotierenden Scheibenwischern sollen auch bei ungünstigen Witterungsverhältnissen eine möglichst gute Sicht auf den Räumvorgang gewährleisten. Damit die Schneeschleuder zur Überführung an Züge angekuppelt, oder bei sehr hohem Schnee von einer Schublokomotive unterstützt werden kann, hat sie hinten normale Schraubenkupplungen und Zughaken.

Die Schleuderausrüstung besteht aus je zwei übereinander liegenden Vorschneidepropellern mit dahinter liegenden Wurfschaufelrädern. Die Schleuderausrüstung kann hydraulisch zur Seite und nach oben verschoben werden. Damit lässt sich die Räumbreite auf fünf Meter erweitern, die Räumhöhe auf drei Meter. Weil die Schleudereinrichtung den Schnee zwischen den Gleisen liegen lässt, räumt eine kleine Pflugschar am Heck zwischen den Schienen. Sie kann vom Führerpult aus hydraulisch abgesenkt und angehoben werden.

Der Zwölfzylinder-Dieselmotor von Daimler-Benz überträgt seine Leistung über ein Hydraulikgetriebe und Gelenkwellen auf die Achsgetriebe aller vier Achsen. Ein mechanisches Getriebe erlaubt das Umschalten vom Streckengang (v_{max} 120 km/h) in den Arbeitsgang (v_{max} 30 km/h). Die Schleudereinrichtung wird von zwei weiteren Motoren des selben Typs (einer für jedes Schleuderrad) über ein Zwei-Gang-Getriebe bewegt.

Die beiden inzwischen verkehrsrot lackierten Schneeschleudern sind in Kiel (716 001) bzw. Fulda (716 002) stationiert. Von dort aus werden sie bevorzugt auf den Schnellfahrstrecken eingesetzt, kommen aber auch auf anderen Linien im gesamten Bundesgebiet zum Einsatz.

Der Einsatz der beiden Schneeschleudern der Baureihe 716 wird von DB Netze koordiniert. Sie sind in Kiel (716 001) bzw. Fulda (716 002) beheimatet.

BAUREIHE 719^0, 720^0

Mit Ultraschall Schäden erkennen

Um Schäden am Gleis erkennen zu können, hat die DB Ultraschall-Prüfzüge in ihrem Bestand. 1975 lieferte MBB einen ersten dreiteiligen Prüfzug, der sich an die Baureihe 614 anlehnt. Nach über 25 Jahren Einsatz war die Messtechnik nicht mehr auf dem Stand der Zeit. Die DB ließ den Zug deshalb grundlegend aufarbeiten.

Zwei Cummins-Motoren vom Typ QSK 19R treiben den Zug an. Er ist in Stahlleichtbauweise aus Walzprofilen und Blechen hergestellt.

An den Stirnseiten wurden zusätzliche Scheinwerfer und Kameras für die Streckenbeobachtung nachgerüstet.

Der Führer- und Beobachtungsstand wurde modernisiert und mit Bildschirmen ausgestattet. Im 719 001 befinden sich fünf Schlafkabinen mit Bett und Waschgelegenheit sowie ein Raum mit der Klima- und Wasseraufbereitungsanlage. Der 719 501 ist ähnlich eingerichtet, hat aber nur zwei Schlafkabinen und einen Aufenthaltsraum. Der Mittelwagen 720 001 bildet mit dem Prüfkopfträgerwagen das Herzstück des Zugs. Der Wagen führt die Prüfköpfe schwingungsfrei über die Schienen, derweil die Köpfe mittels Ultraschall die Schienen untersuchen. Dazu müssen sie über einen Wasserfilm auf den Schienen aufliegen. Um die Wasserversorgung zu gewährleisten, sind im Mittelwagen zwei große Wassertanks eingebaut. Ein Lagerraum ergänzt die Innenausstattung.

Der Ultraschallprüfzug 719/720 löste Mitte der 1970er-Jahre die alten Prüf-Schienenbusse ab. Unten der Prüfkopfträger unter dem 720 001.

TECHNISCHE DATEN

Länge über Puffer:
Zug (3-teilig) 79.460 mm
Endwagen 26.650 mm
Mittelwagen 26.160 mm

Radsatzfolge: B'2'+2'2'+2'B'

Treibraddurchmesser: 950 mm

Achsstand im Drehgestell: 2.500 mm

Gesamter Achsstand: 21.500 mm

Dienstmasse: 148,3 t

Höchstgeschwindigkeit: 140 km/h

Leistung: 2 x 448 kW + 2 x 24 kW (Hilfsmotoren)

Motorbauart: 16-Zylinder-V-Motor

Leistungsübertragung: hydraulisch

Antrieb: Gelenkwellen, Radsatzgetriebe

Indienststellung: 1974

BAURE IHE 719^2

Der Lichtraumprofilmesszug LIMEZ III

Der Lichtraumprofilmesszug „LIMEZ III" überprüft mit Laserstrahlen den Abstand von Gegenständen zum Gleis, außerdem vermisst er die Gleisgeometrie. Am 7. August 2017 ist der Zug bei Tamm unterwegs.

Der zweiteilige Lichtraumprofilmesszug „LIMEZ III" entstand 2006 durch Umbau aus dem Diesel-Triebwagen 614 045/046. Er bekam danach die Bezeichnung 719 045/046. An den Arbeiten waren das Fraunhofer-Institut für Physikalische Messtechnik, die FTI Engineering Network GmbH und die Metronom Automation GmbH beteiligt. Der Zug gehört DB Fahrwegmessung und ist in Minden beheimatet.

Der Wagenkasten wurde nur wenig verändert, der Innenraum hingegen komplett umgebaut. Markant ist die Messeinrichtung an der Stirnseite des 719 046. Beim 719 045 wurde lediglich eine Videokamera an der Frontseite angebracht, die die Überwachung der rückwärtigen Strecke ermöglicht. Während mit den bisher eingesetzten Fahrzeugen und Messsystemen nur Messgeschwindigkeiten bis 30 km/h möglich waren, bietet der „LIMEZ III" die Möglichkeit von Messfahrten bis zu 100 km/h.

Zwei Laserscanner erfassen 550 Profile pro Sekunde und ermitteln dabei jeweils 3.600 Abstandswerte zu Gegenständen neben dem Gleis. Außerdem wird die gesamte Gleisgeometrie erfasst. Die Daten werden im Auswerteraum im 719 045 verarbeitet. An ihn schließen sich eine Werkstatt und ein Kompressorraum an. Im 719 046 befinden sich ein Rechnerraum sowie die Aufenthaltsräume für das Bedienpersonal.

TECHNISCHE DATEN

Länge über Puffer:	53.300 mm
Radsatzfolge:	B'2'+2'B'
Radsatzstand:	2 x 21.500 mm
Dienstmasse:	2 x 46 t
Höchstgeschwindigkeit:	140 km/h
Leistung:	2 x 367 = 734 kW
Kraftübertragung:	hydraulisch
Indienststellung:	2006

Während der 719 046 die gesamte Messeinrichtung trägt ist an der Stirnseite des 719 045 nur eine Videokamera zur Überwachung der Strecke montiert.

Auch der zweiteilige Schienenprüfzug 719^3/720^3 ist aus der modularen Plattform für Messtriebwagen von Plasser & Theurer hervorgegangen. Am 10. Juni 2017 fährt der Zug durch Bremen Hbf.

BAUREIHE 719^3, 720^3

Prüfzug der neuesten Generation

Plasser & Theurer lieferte 2015 einen neuen Schienenprüfzug. Er gehört mit seiner modularen Bauweise zu einer neuen Familie zweiteiliger Messzüge. Die DB reihte den gelben Zug als 719 301/720 301 in den Bestand ein. Er hat einen auf allen Radsätzen angetriebenen Wagen und einen antriebslosen Steuerwagen. Zwei Dieselmotoren der Firma Deutz beschleunigen den Zug. Unter dem Steuerwagen ist ein absenkbarer Messträger montiert, mit dem die Gleisparameter aufgenommen werden können. Darüber hinaus befindet sich hier ein Wassertank. Auf dem Dach des Antriebswagens ist ein Mess-Stromabnehmer montiert, mit dem der Abstand und die Lage der Oberleitung zum Gleiskörper erfasst werden können.

Im Antriebswagen gibt es eine klimatisierte Küche, in der eine Mikrowelle, ein Herd, eine Spüle, ein Tisch und eine Sitzecke zu finden sind. Eine Toilette ergänzt die Ausstattung. Der Steuerwagen hat außer einem Beobachtungsstand mit neun Monitoren, eine Werkstatt, Schaltschränke mit Messtechnik und vier Schlafabteile. Die Ultraschall- und Wirbelstrom-Messtechnik wurde von der Firma PLR Magdeburg geliefert.

TECHNISCHE DATEN
Länge über Puffer: 46.000 mm
Radsatzfolge: B'B'+2'2'
Achsstand im Drehgestell: 2.500 mm
Dienstmasse: 80 t
Höchstgeschwindigkeit: 140 km/h
Antrieb: hydrodynamisch
Indienststellung: 2015

Der 719 301 übernimmt den Antrieb des Zugs, außerdem ist auf seinem Dach ein Prüfstromabnehmer montiert.

BAUREIHE 725^0, 726^0

Die Gleisgeometrie im Blick

Bei den zweiteiligen Messtriebwagen 725/726 ist in der höheren Baureihe 726 (vorn) die komplette Messeinrichtung eingebaut. Die niedrigeren Wagen der Baureihe 725 (hinten) dienen dem Antrieb und dem Aufenthalt des Personals (726 002, Linz am Rhein, 4. Juni 2015).

Die in den 1970er-Jahren bei der DB vorhandenen Gleismessdraisinen genügten den gestiegenen Ansprüchen nicht mehr. Außerdem waren es so wenige Fahrzeuge, dass das gesamte Gleisnetz nur in langen Intervallen geprüft werden konnte. Um diesen Zustand zu beenden, nahm die DB ab 1974 fünf neue Gleismesszüge in Betrieb.

Die Motorwagen wurden von MBB in Donauwörth und dem AW Kassel aus Schienenbussen der Baureihe 798 umgebaut. Sie werden bei der DB als Baureihe 725 bezeichnet, während die von MBB neu gebauten Messwagen als Baureihe 726 eingereiht wurden.

Der Aufbau der Baureihe 726 entstand nach dem Vorbild des Turmtriebwagens der Baureihe 701 und ist deshalb höher als beim 725. Die Fahrgestelle sind ebenfalls geschweißt. Im Gegensatz zur normalen Luftfederung des Motorwagens sorgt beim Messwagen eine spezielle Federung unabhängig von der Beladung für eine waagerechte Ausrichtung und einen gleich bleibenden Abstand des Wagenkastens zur Schienenoberkante, um möglichst brauchbare Messergebnisse zu ermöglichen.

Auf beiden Längsseiten der Motorwagen wurden je drei Fenster verschlossen, außerdem wurde die Geräuschdämmung verbessert. Ein Führerstand entfiel, der Innenraum wurde mit Schlafabteilen, Waschraum, und einem Aufenthaltsraum eingerichtet. Außerdem ist in diesen Wagen ein Maschinenraum mit einem Diesel-Drehstrom-Aggregat zur Stromversorgung der Messeinrichtungen zu finden.

Im Messwagen 726 sind ein Führerpult sowie ein Messraum mit einem Messtisch und einer Werkbank für kleinere Reparaturen eingerichtet.

Drei in Bissel-Gestellen aufgehängte Radsätze dienen als Träger der Messeinrichtungen. Die damit aufgezeichneten Gleisparameter wie Spurweite, Verwindung und Überhöhung werden auf dem Messtisch ausgewertet.

Die Züge 002 bis 005 sind noch im Bestand von DB Fahrwegmessung. Allerdings sind die Züge 003 und 005 von der nächsten Untersuchung zurückgestellt. Die gelben, in Minden beheimateten Doppelwagen sollen in nächster Zeit von den neuen Triebwagen der Baureihe $725^1/726^1$ abgelöst werden.

TECHNISCHE DATEN

Länge über Puffer:
Zug (2-teilig) 27.350 mm
Einzelwagen 13.950 mm

Radsatzfolge: AA [1)] +2 [2)]

Treibraddurchmesser:
900 [1)] mm

Laufraddurchmesser:
850 [2)] mm

Gesamter Achsstand:
6.000 mm

Dienstmasse: 23 [1)]; 18 [2)] t

Höchstgeschwindigkeit:
90 km/h

Leistung: 2 x 110 [1)] kW

Motorbauart:
6-Zylinder Dieselmotor [1)]

Leistungsübertragung:
mechanisch

Antrieb: Gelenkwellen, Radsatzgetriebe

Indienststellung: 1974–1975

[1)] Baureihe 725;
[2)] Baureihe 726

BAUREIHE 725^{1}, 726^{1}

Der neue Gleismesszug (GMTZ)

Auf der Innotrans 2014 präsentierte Plasser & Theurer den Gleismesszug (GMTZ), den DB Netze als 725 101/726 101 in den Bestand übernahm. Der Zug dient zur Erfassung der Gleisgeometrie, zur Schwellendiagnose und zur Messung des Lichtraumprofils.

Das Fahrzeug besteht aus einem angetriebenen und einem antriebslosen Wagen und kann Steigungen bis zu 55 Promille meistern. Der Messzug lässt sich aus den bordeigenen Generatoren, aus vorgespannten Lokomotiven oder, im Stillstand, aus dem Ortsnetz mit Energie versorgen.

Der 725 101 wird hydrodynamisch auf allen vier Achsen angetrieben. Wird der Zug von einer Lok bewegt, schaltet sich der Antrieb automatisch ab. Die Bremsanlage besteht aus einer Druckluftbremse, einer hydrodynamischen Bremse und einer Retarderbremse. Luftgefederte Drehgestelle unter dem Steuerwagen entkoppeln den Aufbau vom Laufwerk und sollen so für einen schwingungsfreien Lauf sorgen.

Der neue Gleismesszug 725^{1}/726^{1} soll die letzten alten, aus Schienenbussen entstandenen Triebwagen der Baureihen 725/726 ablösen.

TECHNISCHE DATEN

Radsatzfolge: B'B'+2'2'

Länge über Puffer: 46.000 mm

Achsstand: 2 x 17.900 mm

Dienstmasse: 80 + 58 t

Höchstgeschwindigkeit: 140 km/h

Kraftübertragung: hydraulisch

Indienststellung: 2014

An der Frontseite des 726 101 befindet sich ein Tragrahmen zur Befestigung der Messeinrichtungen.

BAUREIHE 740^{0}

Triebwagen Signaldienst

Die sechs Signaldienst-Triebwagen entstanden ab 1990 durch Umbau aus Schienenbussen der Baureihe 798. Die neuen Wagen dienen der Wartung von Signalen, Weichen und Fernmeldeeinrichtungen an Neubaustrecken.

TECHNISCHE DATEN

- Länge über Puffer: 13.950 mm
- Radsatzfolge: AA
- Treibraddurchmesser: 900 mm
- Gesamter Achsstand: 6.000 mm
- Dienstmasse: 22,4 t
- Höchstgeschwindigkeit: 90 km/h
- Leistung: 2 x 110 kW
- Motorbauart: 6-Zylinder-Dieselmotor
- Leistungsübertragung: mechanisch
- Antrieb: Gelenkwellen; Radsatzgetriebe
- Indienststellung: 1990–1992

Bei den letzten Umbauten von Schienenbussen der Baureihe 798 zu Bahndienstfahrzeugen entstanden die Signaldienstwagen der Baureihe 740. Im Ausbesserungswerk Kassel wurden 1990 bis 1992 sechs Schienenbusse an ihr neues Aufgabengebiet angepasst. Laufwerk, Wagenkasten und Bremsanlage wurden unverändert von den Spenderwagen übernommen. Auch der Antrieb entspricht mit seinen beiden Motoren und der mechanischen Kraftübertragung den Schienenbussen.

Im Inneren wurden ein Aufenthaltsraum, ein schallgedämmter Raum für ein zusätzliches Dieselaggregat zur Versorgung der Wagen bei abgestelltem Fahrmotor – beispielsweise in Tunnels – und ein großer Werkstattraum eingerichtet. Durch Klappen an beiden Wagenseiten können sperrige Teile ein- und ausgeladen werden. Mehrere Fenster wurden verschlossen bzw. weiß hinterlegt.

Zu den primären Aufgaben der als „Signaldienst" bezeichneten Triebwagen gehörten die Wartung der Signale, Weichen und Fernmeldeeinrichtungen auf den Neubaustrecken sowie die Instandhaltung des Tunnelfunks. Bei Bedarf mussten die 740er aber auch als „Rottenfahrzeuge" im allgemeinen Arbeitseinsatz oder als Zugfahrzeuge für Arbeitswagen herhalten.

Im Sommer 2017 war nur noch der 740 004 im Bestand von DB Netze. Er war in Fulda zu Hause, aber von seiner nächsten Hauptuntersuchung zurückgestellt.

Ein zusätzlicher Hilfs-Dieselmotor stellt die Energieversorgung bei abgeschaltetem Fahrmotor sicher, zum Beispiel in Tunnels.

Die Fahrzeuge der Baureihe 740^{1} gehören zu einer ganzen Reihe neuer Dienstfahrzeuge, die bei Plasser & Theurer aus einem Baukastensystem für die DB entstehen.

BAUREIHE 740^{1}

Instandhaltungsfahrzeug (MISS)

Zu den neuen Fahrzeugen zur Instandhaltung des Schienennetzes gehören auch die drei von Plasser & Theurer gebauten Triebwagen der Baureihe 740^{1}. Sie werden als Multifunktionales Instandhaltungsfahrzeug (MISS) bezeichnet und entstammen einem Baukastensystem, zu dem weitere Baureihen gehören. Die vierachsigen Wagen lassen sich zur Unterhaltung und Reinigung der Gleise nutzen. Einige der Fahrzeuge werden auch mit ECTS ausgestattet, um auch Aufgaben der Streckeninstandhaltung auf der neuen Schnellfahrstrecke Berlin–Nürnberg durchführen zu können.

Eine Bürste an der Stirnseite der Wagen ermöglicht die Reinigung der Gleise.

TECHNISCHE DATEN

- Länge über Puffer: 23.000 mm
- Eigengewicht: 76,0 t
- Höchstgeschwindigkeit: 140 km/h
- Indienststellung: seit 2016

BAUREIHE 772

Das „Ferkel-Taxi" der Reichsbahn

Die Oberweißbacher Berg- und Schwarzatalbahn setzt die beiden bordeauxroten Schienenbusse 772 140 und 772 141 überwiegend bei Sonderfahrten ein.

TECHNISCHE DATEN
Länge über Kupplung: 13.550 mm
Radsatzfolge: 1A
Treibraddurchmesser: 900 mm
Gesamter Achsstand: 6.000 mm
Dienstmasse: 19,3/22,1[1] t
Höchstgeschwindigkeit: 90 km/h
Leistung: 162 kW
Motorbauart: 6-Zylinder-Dieselmotor
Leistungsübertragung: mechanisch
Antrieb: Gelenkwellen
Indienststellung: 1964–1965; 1968–1969
[1] modernisierte Fahrzeuge

Gute Erfahrungen mit den Schienenbussen der Baureihe 171 veranlassten die Deutsche Reichsbahn der DDR zur Beschaffung einer Nachfolgeserie. Anstelle der Beiwagen wurden nun Steuerwagen in Dienst gestellt. 1964 bis 1969 lieferten Görlitz und Bautzen 73 Motor- und 73 Steuerwagen. Bei der Deutschen Bahn AG wurden sie als Baureihen 772 und 972 bezeichnet.

Stoßdämpfer und Stabilisatoren verbessern die Fahreigenschaften. Die geschweißten Leichtbaukonstruktionen von Kasten und Rahmen bestehen aus Walzprofilen und gekanteten Blechen. Die Radsätze laufen in Rollenlagern. Es sind Scharfenbergkupplungen und leichte Gummipuffer montiert.

Seit der Modernisierung im Werk Halle dient ein MAN-Sechszylinder-Dieselmotor als Antrieb. Die Leistung wird über ein Flüssigkeitsgetriebe auf das mechanische Sechs-Gang-Getriebe übertragen. Alle Wagen sind mit Vielfachsteuerung ausgestattet. Somit können mehrere Triebwagen in einem Zug von einem Führerpult aus gesteuert werden.

Der Fahrgastraum ist als offener Großraum mit stoffgepolsterten Sitzen eingerichtet. Die Führersitze sind durch eine Wand abgetrennt.

772 140 und 141 werden seit 2006 bei der Oberweißbacher Berg- und Schwarzatalbahn, einer DB-Tochter, für Sonderfahrten vorgehalten. Die Wagen 772 001 und 972 601 gehören ebenfalls noch der DB. Sie werden aber von der Hafenbahn Neustrelitz betreut. Weitere Züge werden von Museumsbahnen betriebsfähig erhalten.

Der DB-Schienenbus

Die in den 1950er-Jahren gebauten Schienenbusse sollten unrentable Dampflokomotiven auf Nebenstrecken ablösen. Die Auslieferung der zweimotorigen Baureihe 798 begann im Jahr 1955. Für die 329 Triebwagen wurden annähernd gleich viele Bei- und Steuerwagen gebaut. Damit konnten Dreiwagen-Züge gebildet werden. Hersteller waren MAN, WMD, Uerdingen, Orion, Rathgeber und Credé.

Die Schienenbusse wurden nach und nach mit einer vereinfachten Indusi ausgerüstet und in eine Reihe von Dreiwagenzügen Lautsprecheranlagen eingebaut. Obwohl 1990 alle Fahrzeuge ausgemustert sein sollten, entschloss sich die DB im Jahr 1988, Schienenbusse auf Einmannbedienung umzubauen. So ermöglichten Rückspiegel, Hinweisschilder zur Türbedienung und tragbare Fernsprecher ein Fahren ohne Zugbegleiter.

Auf dem geschweißten zweiachsigen Untergestell mit Regel-Zug- und Stoßeinrichtungen sitzt das Kastengerippe mit aufgenieteten mittragenden Bekleidungsblechen. Der Wagenkasten ist mit Schrauben- oder Luftfedern abgefedert. Unter dem Fahrgestell befinden sich zwei Dieselmotoren vom Typ Büssing U 10. Sie haben eine Leistung von 110 kW. Über die hydraulische Kupplung, das elektromechanische Schaltgetriebe und eine Gelenkwelle gelangt die Antriebsleistung zum Radsatzwendegetriebe.

Die stoffbezogenen Sitze in den modernisierten Wagen haben klappbare Lehnen, sodass die Gäste immer in Fahrtrichtung sitzen können.

Auch 2018 sind der Triebwagen 798 652, der Beiwagen 996 257 und der Steuerwagen 998 896 noch bei der Regionalbahn Alb-Bodensee im Bestand. Die Wagen sind wieder im traditionellen Rot lackiert und werden im Ausflugsverkehr auf die Schwäbische Alb eingesetzt. Zahlreiche weitere Wagen werden von mehreren Museumsbahnen eingesetzt.

Die RAB in Ulm setzt noch Schienenbusse im Ausflugsverkehr auf die Schwäbische Alb ein.

TECHNISCHE DATEN

Länge über Puffer: 13.950 mm

Radsatzfolge: AA [1]; 2 [2]

Treibraddurchmesser: 900 mm

Gesamter Achsstand: 6.000 mm

Dienstmasse: 20,9 [1]; 10,7 [2] t

Höchstgeschwindigkeit: 90 km/h

Leistung: 2 x 110 [1] kW

Motorbauart: 6-Zylinder-Dieselmotor

Leistungsübertragung: mechanisch

Antrieb: Gelenkwelle

Indienststellung: 1955–1961

[1] Triebwagen;
[2] Bei- und Steuerwagen

Kennzeichnung der Triebwagen

Seit 2007 werden Triebfahrzeuge nach dem europäischen Fahrzeugeinstellungsregister (UIC-Merkblatt 438-3 Kennzeichnung der Triebfahrzeuge) eingereiht.

Diese zwölfstellige Nummer besteht aus einem Bauartcode, einer Länderkennung (Deutschland = 80), einer Füllziffer und der eigentlichen Lokomotivnummer. Die Füllziffer ist notwendig, weil die Baureihennummer vierstellig sein muss. Die DB wählte die Füllziffer so, dass die Prüfziffer bei den meisten Fahrzeugen nicht verändert werden musste. Nur bei Dieseltriebwagen konnte diese Prüfziffer nicht unverändert bleiben.

Es wurden folgende Bauartcodes festgelegt:

90 = nicht anderweitig erfasstes Triebfahrzeug, zum Beispiel Dampflok
91 = Elektrolok mit mehr oder gleich 100 km/h Höchstgeschwindigkeit
92 = Diesellok mit mehr oder gleich 100 km/h Höchstgeschwindigkeit
93 = Elektrotriebwagen mit mehr oder gleich 190 km/h Höchstgeschwindigkeit
94 = Elektrotriebwagen mit weniger als 190 km/h Höchstgeschwindigkeit
95 = Dieseltriebwagen
96 = Beiwagen
97 = Elektrolok mit weniger als 100 km/h Höchstgeschwindigkeit (Rangierlok)
98 = Diesellok mit weniger als 100 km/h Höchstgeschwindigkeit (Rangierlok)
99 = Bahndienst-Fahrzeuge

Die Kontrollziffer berechnet sich wie im folgenden Beispiel:
Loknummer: 9 4 8 0 0 4 2 3 3 3 9
Multiplikator: 2 1 2 1 2 1 2 1 2 1 2
Die einzelnen Ziffern der Loknummer werden jeweils mit 1 oder 2 multipliziert
Ergebnis 18 4 16 0 0 4 4 3 6 3 18
Aus dem Ergebnis wird die Quersumme gebildet: 1+8+4+1+6+0+0+4+4+3+6+3+1+8=49

Die Quersumme wird auf den nächsten vollen Zehner aufgerundet (hier 50). Die Differenz zwischen Quersumme und aufgerundetem Ergebnis (hier 1) bildet die Kontrollziffer. Die vollständige Fahrzeugnummer lautet also 94 80 0 423 339-1.

Radsatzfolgen:

B	zwei angetriebene Achsen im Hauptrahmen
C	drei angetriebene Achsen im Hauptrahmen
D	vier angetriebene Achsen im Hauptrahmen
B'B'	zwei zusammen angetriebene Drehgestelle mit je zwei miteinander gekuppelten Radsätzen
C'C'	zwei zusammen angetriebene Drehgestelle mit je drei miteinander gekuppelten Radsätzen
Bo'Bo'	je zwei einzeln angetriebene Achsen in zwei Drehgestellen
Co'Co'	je drei einzeln angetriebene Achsen in zwei Drehgestellen
Bo'2'Bo'	je zwei einzeln angetriebene Achsen in zwei Drehgestellen, Wagenkasten, der sich in der Mitte auf ein gemeinsames Laufachs-Drehgestell, das sog. „Jakobsdrehgestell", über zwei Drehzapfen abstützt

HINWEIS

Die Triebfahrzeuge in diesem Buch sind nach den ursprünglich von der DB AG verwendeten, dreistelligen Baureihennummern sortiert. Lokomotiven und Triebwagen privater Eisenbahnverkehrsunternehmen wurden ebenfalls nach dieser dreistelligen Nummer eingereiht. Gibt es mehrere Baureihen mit der gleichen dreistelligen Nummer, ist die vorangehende Füllziffer mit angegeben.